최고의 인테리어는 정리입니다

因為整理，人生變輕鬆了

幫助 2000 個家庭的整理專家，
教你從超量物品中解脫，
找回自由的生活！

鄭熙淑 著
黃莞婷 譯

讓一切更輕鬆愉快的家事

極簡整理師、茉蕾整理收納工作室負責人　Blair

看到「做家事」三個字，不免讓人聯想到抓著拖把用力拖地，或是彎著背在水槽前跟一堆碗盤奮鬥的畫面，光是想像，就讓人有點提不起勁。另外，家事是例行的，地拖了，下週還會髒，碗乾了，下一餐又要洗。這樣的週而復始，也讓做家事總跟辛勞、無聊劃上等號。

但有一項家事，只要用對方法，會讓人愈做愈起勁；只要一次用心執行，接下來很長一段時間，都有機會好好維持；只要投入精神，甚至能讓煩亂的心得到撫慰。

這項家事，正是我的志業，也是我最樂於推廣的——整理收納。

從小時候開始，每當我心情低落或焦躁，我就會把自己投入清除雜物與擺放物品的心流裡。當我將物品取出檢視，我會明白自己的所有物，進而節省重複購買的金錢。

當我篩選掉不再需要的，就可以把收納位置留給更重視的東西，也等同擴大生活的空間，讓心跟環境都恢復輕盈。

當我分類好每個空間、每樣東西的用途，便能更有效掌握環境與物品，以及自己真正需要、適合什麼。

當我將物品設定了固定位置，我便可以在需要時從容取用，也只要隨手收拾，不必費力費時就能回到整齊的狀態。

整理之後，環境變得井然有序，腦袋也清晰多了，還會有很大的成就感，更因為剛剛專注在手上的收納工作，心思因此沉澱下來，雜物跟壞心情一起一掃而空。

而且，光是五個基本的整理行為，就可以帶來節省、開闊、輕盈、掌握、從容、了解自己等好處。所以整理帶給你的，不僅是讓當下環境看起來整潔順眼而已，你往後的每日生活都能因為打造出這樣的環境，無形中更順遂、更愉快、更有餘裕。

要是你覺得現在的生活有點匆促、壓抑或是力不從心，不如從整理收納這項家事開始，把環境打造成你心中理想的樣子，然後好好感受理想環境為你帶來的好處。相信我，你可以在其中體驗到更輕鬆、更愉快的生活！

學會整理，讓你的人生煥然一新

收納教主　廖心筠

身為台灣第一位到府教收納的老師八年了，看過大大小小無數的家，那些被困在雜亂環境的人有著共通的特性，即對生活麻痺，遷就失序的環境。

於是，物品之間的定位開始錯亂。我會在浴室裡看見鍋碗瓢盆、在廚房看見帳冊、在房間看到沙拉油等。空間也變得模糊，客廳被孩子的玩具淹沒、書房堆滿大量雜物和衣服，變成儲物間，甚至無法睡進主臥室等。各式各樣的問題其實來自人們對物品的無法割捨，久了，讓家變成堆積物品的倉庫。

我常說環境反映心靈，家的樣貌就是內心的樣貌，如果能把有形的物品整理好，自然就能整理好無形的心情。而且我一直相信，乾淨的家，會有好事發生，唯有自己真的動手整理才會發現，我們真正需要的，其實很少。

這本書的作者很紮實地分享收納整理的正確觀念，整理的重點在於，對目前的生活，想做出什麼選擇？當你找回對生活的嚮往和當下的需求，需要和不需要的界線立刻變得清晰，你可以馬上挑出真正需要的物品。當其他可有可無的雜物離開你的家，再也不用為了這些東西費心，省下的金錢、時間和精力，能讓自己更有餘裕。

整理的核心不在於物品，而是人，因為家是人住的，唯有把空間調整成適合人住的地方，才能解決所有問題。家不是一個人的儲藏室，應該要每位家庭成員都有自己的專屬空間。整理的重點是學會斷捨離，清除雜物，透過整理反思自己的購物習慣，進而減少購物欲望，以後能更謹慎、更精準地購買。

學會整理最神奇之處在於，除了讓空間乾淨清爽，連人生都煥然一新。

不只整理空間，也整理你的心

最近市面上關於收納整理相關書籍的核心概念是「斷捨離」，我們由此可以看出時代潮流走向了極端的極簡生活主義。我能理解過往人們服膺於極繁主義，認為被物品包圍的人生才是成功，或許是源自於工業資本主義的後遺症。不過，對於崇尚擺脫不必要的物品，不讓這些東西干擾人生的概念，我對此也深有同感。

斷捨離的第一步是與多餘的物品道別，我贊成這句話，不過要釐清的是，整理的目的不只是單純丟東西，而是為了物盡其用。

物品就像是人心一樣。**家裡塞滿了不必要的廢物，等同於我們心底深處堆滿了無法解決的問題。**我們的心脫離了原本應該在的位置，迷失方向，然後變得僵硬。僵硬的心失去了柔

軟，成為化石，阻礙了成長。

所以，整理家就像是整理自己的心。如果把堆滿衣物、棉被和化妝品的凌亂寢室，變成我們夢寐以求的舒適空間呢？如果把堆滿亂七八糟待洗碗盤的廚房，變成讓我們想馬上進入且大展廚藝的空間呢？相信我們的心一定也會有所改變。

雖然我是一名整理專家，負責協助委託人整理家務，使居家空間變得煥然一新，但我同時也是一名家庭主婦，會和先生一起分擔家務和照顧兒子的責任。我思索的是如何把家，即我和心愛的家人們一起生活的空間變得舒適又乾淨，長久維持良好狀態的整理術，而不是只有整理完的瞬間才乾淨，沒多久又打回原形的整理術。

起初，我會仿效別人的整理術或是閱讀外文翻譯書學習，不過在某個瞬間，我覺得應該有其他更適合一般家庭的整理法。有些國家對於地震與其他天災習以為常，所以追求極端的極簡主義，無條件丟棄物品。我認為那種方法不太適合韓國家庭（編按：由於地理位置相近，本書所提及的整理法也適用於台灣）。

最近韓國掀起一股「整理」的風潮，書店裡販賣的整理

相關書籍，比比皆是。大部分的整理書一致強調只留下需要的物品就好，其他的物品都丟掉，盡可能清空房子。當然，丟東西是整理家務的要務之一，但過於強調丟東西，我擔心讀者是否會誤以為「整理等於丟東西」。作為養育孩子的母親，我沒辦法像單身獨居者一樣，盡可能丟掉不必要的東西。再說，無條件丟東西的整理術不適合重視家庭關係的家庭。

如果是只有我們一個人住的家，隨心所欲，想怎麼整理就怎麼做，當然沒問題，但如果是和家人共享的房子，我們就不能任意妄為，除了要替家族成員保留個人空間之外，也要確保公共空間。就算我們住在分租套房裡，也要考慮到同住套房的成員，替他們準備好專屬的空間。同理，我們生一個孩子，就得替那個孩子準備他的專屬空間。養寵物也是一樣的。如果不這樣做，空間的界線會消失，我們會變得不知道物品收納的位置，這個空間不是我的家，也不是我們一家人的家，變成了物品的家。

搬到大房子並不是解決收納整理問題的對策。**不管我們住進多寬敞的房子，如果不遵守整理標準和原則，其實就和住在五坪大小的套房沒什麼兩樣。**儘管人們容易誤解房子要大才能準備新的空間，但如果學會整理，不管房子大小與房間數量多寡，我們都能整理出一個使全家人都滿意的空間。

房子的主人不是物品，而是家人

這本書是一名家庭主婦為家人寫的書。在這本書中，我要為各位介紹，能讓你每天回家都感到備受尊重，且擁有自己的獨立空間，又適合全家人的整理術。我想告訴各位，房子的主人不是物品，是家人，整理就是要創造每位家人都能覺得幸福的家。

有些人誤以為最棒的整理就是盡可能清空家裡，把物品放到視線範圍外，這本書要化解那些誤會。最棒的整理不是一味丟棄，而是要物歸原位。如果你是下定決心丟東西，一轉身卻又馬上囤積新物品的人，請一定要透過這本書，熟悉能夠維持整理後狀態的整理術。

在童話故事中，幸福的青鳥不在遠方，在近處。幸福不是別人給的，也不是有一天會自動找上門，更不是只有無敵幸運兒才能擁有的。幸福如同灌溉庭院的花朵般，是靠我們自己的手指創造出來的。我為此時此刻打開這本書，開始學習召喚幸福人生整理術的各位加油。

目次

【推薦序 1】

讓一切更輕鬆愉快的家事　4

極簡整理師、茉蕾整理收納工作室負責人　Blair

【推薦序 2】

學會整理，讓你的人生煥然一新　6

收納教主　廖心筠

【作者序】

不只整理空間，也整理你的心　8

Part one｜為什麼需要「整理」？

01 讓原本消失的空間，重新活過來　19

02 整理能帶來「改變」的力量　26

03 開始整理後，身心都出現了變化　30

04 讓整理如同換季，自然而然地進行　32

05 整理讓人活在當下，不再執著於過往　35

06 懂整理，才有掌控人生的能力　40

Part two　如何讓家變得好整理？不妨這樣做！

01 當人生出現變化時，就需要整理　49

02 整理不複雜，三步驟就上手　54

03 不盲目跟流行，而是打造我家的專屬風格　59

04 每位家庭成員，都該有專屬的空間　63

05 每個物品都該有自己的家和位置　70

06 家是共同的空間，不是個人的儲藏室　78

07 不必要的物品，使居住空間愈來愈小　81

08 練習斷捨離，是整理的第一步　85

09 家中的每一扇門，都要能完全打開　90

10 購物要精準，別讓超量物品反客為主　94

目錄

Part three　不用換大房子，也能讓家更寬敞！

01 〔主臥室〕要安靜舒適，才能好好休息　101

02 〔兒童房〕不能只考慮現在，也要想到孩子的未來　130

03 〔客廳〕是家人的共用空間，不該放太多個人物品　149

04 〔廚房〕流理台愈乾淨，愈好整理　154

05 〔冰箱〕打開後要一目了然，才會順手好用　166

06 〔書房〕按書種分類擺放，並淘汰不看的舊書　171

07 〔玄關〕是家的門面，最忌鞋子散落一地　175

08 〔浴室〕活用收納櫃，避免在地板放置物品　182

09 〔陽台〕只能放不怕潮濕的物品，而非用來堆雜物　185

Part four | 原本痛苦的人生，因整理而好轉了！

01 有孩子後，家變得很難維持整齊　193
李明珠，33 歲／忙於育兒故無法整理家的媽媽

02 因減肥導致憂鬱症，對家務也提不起勁　198
李荷娜，35 歲／屢次減肥都失敗，而罹患憂鬱症的
單身女性

03 把收藏品看得比家庭重要，婚姻面臨危機　204
李鍾學，41 歲／正處於離婚危機中，育有兩子的爸爸

04 無法面對至親離世，使家中毫無生氣　211
金英芯，62 歲／丈夫過世，失去生存意志的妻子

05 對購物如同上癮，在家中囤積大量物品　215
李知仁，28 歲／購物成癮，控制不住個人物品量的
職場女性

【結語】

整理，使人變得更幸福！　221

Part one

爲什麼需要「整理」？

01

讓原本消失的空間，
重新活過來

「這個房間的用途是什麼？」這是我在進行整理諮詢服務時，第一個會問委託人的問題。因為這個問題非常重要，每一個空間都必須有自己的用途。

如果我們不清楚定義房間的用途，那麼孩子的東西會出現在父母的主臥室，又或是弟弟的東西會跑到姐姐的房間。每個房間都只能有「房間主人」的物品。當我們開始去別人房間找自己的物品時，空間就會失去價值，生活也會變得很不方便。

我們只要看過房間的大小，大概就能知道那個房間能放進多少家具。雖然一個房間裡，能同時放得下床、書桌、衣櫃和抽屜是好事，不過能辦到這件事的屋子寥寥可數。

有的家庭會把大書桌放到房間裡，把衣櫃放到客廳。原本

應該在房間裡的衣櫃卻跑到房間外，這會使得空間概念混亂，所以我們在購物消費之前，一定要先考慮家裡的空間大小，盡量免除因喜歡就買造成的不必要浪費。

我問過很多人「整理的優點是什麼」，大部分的人回答我，物品能排得整齊就是整理的優點。不過更準確來說，整理的優點是讓空間變得「寬敞」。

因為就算是一樣大小的空間，隨著整理方式的不同，空間營造的寬敞感也會不同，也有可能會帶來狹隘感。收納整理做得好，能救活空間。所謂的「救活空間」指的是，為人打造地方，不是為了物品打造地方。我們要把整理的核心想成是「人」，而不是物品。

當我們規劃好每個空間的使用目的後，就必須把不符合該空間的物品移到適當的地方。因為物品沒有回到它該在的位置就不會被使用，最終會被我們棄如敝屣。

原本我們打算用來整理收納的物品，也可能變成家裡空間不足的原因，比如說，收在廚房抽屜的繩子和果醬瓶，不知道何時能派上用場；塞滿衣櫃的洗衣店衣架，數量多到數不

清；打算以後回收再利用的空瓶和緞帶繩，甚至是牛奶盒，很多時候反而變成累贅。

為了整理而收起來的物品反而變成了雜物，收納整理的關鍵不在於收集寶特瓶或塑膠袋，我們沒有那些東西也活到了今天。**那些我們以為「總有一天」會派上用場的東西，真正會用上的機率不到百分之十。**

如果我們學會把生活花在珍貴乂有價值的事物上，哪怕十坪大的家也會感到寬敞；反之，如果我們老是收集不必要的物品，就算家裡有一百坪也會覺得狹隘。

別讓不要的物品占據了空間

兩個月前我經手了一名委託人。那位委託人的家中有一個喪失功能，被全家人稱為「倉庫」的房間。房間裡有幾套衣服被彎曲變形的衣架掛在牆上，而地上未拆封的箱子堆得幾乎跟孩子一樣高。此外，房間裡堆滿了孩子小時候玩過的玩具和腳踏車，還有家人們用不到的物品。

倉庫原本不是一間廢棄的房間，是因為東西堆積如山，

才慢慢地變成了倉庫。因為房間裡雜亂無章，委託人一家人在冬天時會把房間的地暖（編按：韓國家庭的地板供暖系統，多在冬天使用）關掉，把吃喝睡全都改在客廳進行。那間房子明明是有四十坪大的四房住宅，委託人一家人卻如同寄住在別人家的小房間般生活。

我開始著手整理倉庫，以及把家裡所有的物品物歸原位。那位委託人的家中，光是要丟的垃圾就多到嚇人。在我看來，那個家空間夠大，於是我改變家具的配置，首要之務是救活空間，盡可能把家裡的生活空間整理乾淨，不要有壓迫感。

我遵守著使用目的，依序整理好臥室、兒童房和廚房，無條件地讓客廳看起來寬敞。除此之外，我把公共空間，像是廚房、客廳、浴室等的物品放回物品主人的房間，全家人共用的鞋櫃也用相同的方式整理好。接著我丟掉了妨礙客廳動線的書桌，救活了大玻璃窗。

來看整理情形的委託人一家，睜大了眼睛問：「這真的是我們的家嗎？」

最開心的是委託人的兩個孩子。兩個孩子非常高興能擁有自己的房間，我投入大量心血的整理得到了回報。

整理的重點是，本人對自己和家人一起生活的空間，想做出怎麼樣的選擇？希望一家人在家中擁有什麼樣的生活面貌？想創造什麼樣的家庭？和我們一起生活的家人比容易買到，或用完再買就好的物品重要千萬倍。

請記住，整理的核心不在於物品，而是人，如何把空間改造成適合人生活的地方，才是重點。

整理的優點是讓空間變得寬敞。因為就算是一樣大小的空間，
隨著整理方式的不同，空間給人的寬敞感也會不同，也有可能
會帶來狹隘感。

整理的重點是，本人對自己和家人一起生活的空間，想做出何種選擇。

02

整理能帶來
「改變」的力量

「我是整理白痴，不會整理是理所當然。」我想建議說
這種話的人，先試著培養一點對整理的興趣吧！

有些整理專家原本也是從事跟整理完全無關的工作，全
靠努力才成為專家。我們公司有一名女員工對整理一無所知，
甚至懷疑「整理算是一種職業嗎？」雖然現在她已經堂堂正正
地成為一名負責的員工，但一開始她對整理這方面的感覺相當
遲鈍，我在旁邊看她整理都覺得鬱悶。

不過隨著時間過去，她變成了一位整理專家，雖然因為
太負責又認真，以至於整理的速度偏慢，不過她的整理功力與
日俱增。

最近我重新造訪一年前的委託案。那位委託人要搬新家，在她搬家前一天，我和她討論家具的配置格局。等她搬進新家後，我到達並準備正式整理時，她笑著說：「搬家公司的人讚美我很會整理房子，跟他們之前搬過的家都不一樣。」

因為那位委託人事先打包好搬家行李，讓搬家公司的人能更小心地搬動。即便如此，她那天搬家還是動員了七名搬家公司員工，從早搬到晚才搬完。雖然她在一年前丟掉了很多不必要的東西，不過家裡的東西原本就多，所以那次並沒有徹底整理完畢。趁著一年後搬新家的機會，她剛好能重新整理物品，化解一年前的遺憾。

那位委託人是一位非常會整理的主婦。也許換作其他人，整理到像她那種程度就會很滿足了，不過自從她明白整理的價值後，她就更加努力地身體力行，整理家中環境。

「這次我好像真的可以果敢地斷捨離。老實說，一年前整理房子那一次，我偷偷哭了。我知道我的東西太多，一定得丟掉才行，可是有些東西會勾起我某些回憶，丟掉它們就好像要丟掉那些回憶，讓我很傷心。」

我充分理解捨不得丟東西的心情。起先，那份不捨的心情困擾著她，不過那些用不到的東西沒有價值，也沒有自己的主人，放在家裡也只是繼續被家人們忽視，或是占空間而已。不只是那位委託人，還有一些領悟到這個事實，進而開始整理的人也說過類似的話：「人生變得『輕鬆』了。」

「我原先以為，隨心所欲地消費購物就是自由的人生，不過丟掉該丟的東西，讓我的心情變得輕鬆，待在家裡的時間也變多了。待在家變成一件舒服又愉快的事。雖然我覺得能下定決心改變家裡很神奇，但對那個能下定決心做出改變的自己，我更自豪。看到家中整理得井井有條，我好像得到了一份力量，彷彿自己什麼都辦得到。」她用充滿喜悅的臉龐，滔滔不絕地對我說著自己和家人的變化。

透過整理，心情也能變輕鬆

不管是本來就對整理感興趣的人，或是現在才開始關注整理的人，又或者自認是整理白痴的人，只要各位試著進入整理的世界，在這個世界待得愈久，愈能體驗到好的改變。因為「整理」有著幫助我們回顧人生的力量。

我因為各種整理委託案，遇見過許多不同的人。我從中確定了一件事，那就是雖然整理的風格和變化的過程會因人或因家庭而異，不過整理擁有改變的力量，將為我們的人生帶來深遠影響。大多數的委託人都表示很驚訝，原來整理不只是單純帶來變化，還有其他成效；也有些委託人，就像前文我提過的案例中的委託人一樣，認為整理使他的人生變得輕鬆；也有些委託人說整理解開了他們原本難解的心結，有治癒的效果。

　　有些人一點都不想整理，擁抱著無數物品生活。整理的經驗將帶給這類人機會，讓他們思索什麼才是人生真正重要的事，並且會帶來長久的影響。我們從整理中獲得的自信，將延伸成人生的自信。**當我們的居住空間變得不一樣，人生一定也會跟著改變。**如果各位渴望改變人生，那麼先看看現在家人們居住的地方吧！

03

開始整理後，
身心都出現了變化

常常有委託人告訴我，家裡經過整理後，他們自己也起了變化，會想做過去沒做過的事。

「因為廚房變得清爽乾淨，激發了我想下廚的心。我替兒子們做了一次零食，放學後，孩子們跑進廚房連聲喊著：『媽媽，媽媽。』孩子們的聲音就像鳥啼般，我這個當媽的心情也變好，所以最近我一直在開發孩子們的新零食。」

「在收拾乾淨的房間唸書，讀書效率莫名地提高了。看到書桌和書櫃，我會迫不及待地想『我得快點坐下唸書』，看的書也比過去多，做功課的欲望也變高了。」

主婦變得享受下廚時光，孩子們變得享受待在自己房間

的時光。太太和孩子變得愉快，連帶丈夫的肩膀重擔也變輕了。家裡不會再有人故意弄亂東西，因此若在原本乾淨整齊的地方，出現沒收拾好的物品，就會變得非常醒目。家裡的凌亂度降低，打掃也變得簡單輕鬆，不需要花太多時間清掃，自己的時間變多，可以拿來嘗試平常想做的事。生活空間半徑擴大，精神煥發。經常打掃兼運動，健康當然也會變好。

　　曾有上了年紀的委託人發訊息告訴我，打掃整理後，多了自己的時間。那位委託人之前就是一位愛品茶的人，家裡整理後窗明几淨，更喜歡坐在客廳的窗邊，邊欣賞窗外景色邊品茶。之後他更邀請朋友到家裡談天說地，一起閱讀，交換彼此的讀後感想，寂寞感也漸漸減少了。他還說最近在開發體操等高效輕鬆的懶人運動法。看到他的訊息，充分體現整理對身心健康的助益，連我也感到驕傲。

　　整理能讓周遭環境變得煥然一新，環境的變化也會影響到人的身心。家中整理乾淨後，原本一天到晚往外跑的先生和孩子，待在家裡的時間也變多了，自然而然地，家人之間的對話變多。過去只看電視睡覺，日復一日的單調生活變得清爽愉悅，生活中充滿了朝氣。

04

讓整理如同換季，
自然而然地進行

很多委託人家裡都留著孩子小時候看過的兒童叢書。

「您的孩子不是讀高中了嗎？還會看這些兒童叢書嗎？」
「小時候買給他看，他看了幾本說沒意思就不看了。」
「那為什麼現在還留著？」
「我那時候以為他大一點會看，所以就放著了。」
「現在更不可能看了，高中生課業非常忙。」
「就是說啊，他每天一早出門，很晚才回家……」
「您有沒有考慮把書轉賣，或是送給有需要的孩子？」

　　有些地方是作為整理專家的我看得見，但委託人不曾想到的。童書和舊教科書就是如此。現在沒在使用的物品，就不是活著的物品。每次換季都要打開衣櫃和櫥櫃檢查，不要想著

這是我的衣櫃或我的廚房，要用「客觀」的視線檢查。

衣櫃和櫥櫃裡一定會有不穿的衣服和不用的碗盤用品，此外，平常在視線範圍外的陽台收納櫃，每次換季時也要打開，拿出接下來會用到的物品，把上季使用過的物品收進去。大多數的陽台收納櫃，都放了很多用不到的東西。

春夏秋冬四季會自然交替，季節不會死守位置，會替下一個季節騰出空位。偶爾出現的春寒料峭，就像春季安的小伎倆般，可是春季還是會過去，夏天到來。人活著也要像大自然一樣懂得騰出空位。兒童時期、校園時期、未婚時期與已婚時期，我們也要隨著人生的變化，丟棄該丟的，送走該走的物品才行。

「換季整理」能減少一次性整理的麻煩，是最有效率的整理術。不管是一次性的居家大掃除或是整理收納，都會非常累。**整理要像四季更迭般，每到換季季節就自然地開始。**

料峭的春寒時分結束時，最先映入我們眼簾的就是冬被和冬衣。這時，我們必須收起厚重的冬被、冬天的羽絨衣和夾克，拿出輕盈保暖的薄被、薄長袖和短袖衣物，只需要留下一

兩套較厚的衣服，以防遲來的春寒即可。

　　廚房也有換季時要收進去，當季則要拿出來的物品。換季時，記得把用了整個冬天的保溫杯洗好收起，換上夏天常用的玻璃杯。電器也是，收起電暖器，拿出電風扇。

　　如果不進行換季整裡，家裡要丟棄的東西就會變多。因為不是只有食品有有效期限，物品也有有效期限，若用到過期化妝品，會造成我們的皮膚異常，必須加倍小心。

　　「我們家東西不多。」
　　「我們家不是那種會上電視的家。」
　　這是我去替委託人進行整理諮商時常聽到的話。一旦真的著手整理後，會發現每戶家庭的情況大同小異：原本散落家中四處的東西不斷出現，家裡物品數量遠遠超出委託人的預期，令他們感到吃驚慌張。

　　人活得愈久，累積的物品就愈多，這是理所當然的。過去用過的東西被新買的物品取代，收進了抽屜或倉庫，慢慢地變成廢物。就像季節更替一樣，物品也要隨著我們的人生時期整理，這樣才有足夠的空間接納新物品，減少要丟棄的東西。

05

整理讓人活在當下，
不再執著於過往

「我真的很有感觸，為什麼我會有這麼多不必要的東西，而且大多是買來給別人看的。感謝您，讓我有機會重新審視自己的人生。」

手機螢幕亮起，跳出這樣的一封訊息。我想起發訊來的委託人的模樣，露出了微笑，要發感謝訊息的人應該是我才對。就像進行整理時的前後對比一樣，經過整理的家一定會變得和以往不同，可是這位委託人的房子變化非常極端，所以我的感觸特別深。

那是一間連客廳都沒有的小房子。這位委託人過去住在大房子裡，因為家境有困難，一年多前搬到了比以前的房子小一半的新家。委託人就讀高中的兒子，興趣是收集公仔，所以

家裡有很多公仔擺飾。再加上委託人女兒收集的芭比娃娃和先生從國外買回來的裝飾品，擺放在家中每個角落。

家裡陳列了許多照片，不過幾乎都是過去的照片，像是孩子已經上了高中，牆上卻掛著他們的周歲照片。結婚照就算了，但是連先生當兵時期和委託人高中生時的照片也還放著。特別的是，那些照片中沒有一張是委託人一家人現在的照片。

委託人的妹妹拜託我，說姐姐的家不能再不整理了，姐姐必須整理再也找不回的過去。委託人弓著身體替我開門，我對她的第一印象是陰暗的。我已經從委託人的妹妹口中聽說委託人因為家道中落的關係，罹患了憂鬱症，委託人的妹妹心疼姐姐，覺得姐姐需要改變的力量。因為是曾讓我相當煩惱的個案，所以收到這位委託人的訊息，讓我更高興。

我邊替委託人整理，邊得到了領悟：「**會整理的人會專注於當下，不整理的人會專注於過去。**」委託人對於物品的標準也是過去式，所以衣櫃裡塞滿了過去的舊衣。

不論過去的家多大多寬敞，整理必須以現在住的家為標準。專注當下的人會有現實感，會擺脫不幸的過去和記憶，珍

惜現在的每一分、每一秒。

如果發現自己的物品多到無法整理，就必須回顧現在的人生。早就不再穿的衣服並不是要被保存收藏的對象，必須丟棄或送給需要的人。如果有人願意接收就快點送出，或捐到「回收商店」亦可。假如是一定要珍藏的衣物，就放進回憶箱子或是整理建檔。

由於我的工作性質，我有許多和主婦打交道的機會。擁有不用羨慕他人的經濟能力，卻心靈孤獨的主婦不在少數，這些主婦大多被過去的傷口囚禁著。當人感到孤獨疲憊時，就會放棄整理家務。每次我透過整理她們的家，進而看到其內心世界時都會心生惋惜。

如果不進行換季整理，喜歡堆積物品到某種程度才一次性整理，那麼就算是只挑出要丟棄的東西，也是一項大工程。這也是為什麼有些人不喜歡丟東西，偏好收納的原因。

丟棄東西是一種關係到自我人生掌控權的選擇。什麼東西該留下，什麼東西該丟棄，家裡該維持多少物品量？如何使用留下的物品？為什麼需要那項物品？在過程中，委託人會面

對層出不窮的問題。委託人也能透過選擇丟棄物品的過程自省，雖說被外人看到自己不想讓別人看到的模樣，也許會感到傷自尊。

人生不能只活在回憶裡，整理也是

某一天，我在委託人家裡的沙發下發現許多驚人的物品。

「您打算怎麼處理這些東西？」
「天啊，我是不是瘋了，為什麼會把這些東西收在這裡？」

這些東西為什麼會在這裡，是我想問的話。明知道是該丟棄的物品卻留了下來，委託人心裡也很清楚，自己的生活一團亂。

有些物品，委託人明知道該丟卻對於說出「丟掉吧」這句話猶豫不決。對於丟棄，委託人會直覺猶豫，是因為沒有丟棄物品的明確標準。一旦丟棄一些物品之後，我們要對剩下的物品感到滿足才行，所以丟棄需要「標準」。

各位可以把不穿的衣服、不用的碗盤和擱置角落看不到的物品，全部拿出來擺在地上一一檢視。無論好或壞，想來各位都會浮現關於每件物品的回憶。不過有些物品是，就算擺在眼前也想不起是怎麼入手的。讓存有過往記憶的物品留在過去，留下現在使用的物品，保存現在的記憶。

　　不執著於已經逝去的過往，和有朝一日才會到來的未來，我們才能活在「當下」。

06

懂整理，
才有掌控人生的能力

我結婚十一年，很少買廚房用品，我先生偶爾會想買烤吐司機、烤肉盤、咖啡機之類的東西。

「我們買一台烤吐司機吧！」

「用平底鍋烤著吃不行嗎？」

「哪有空用平底鍋烤吐司吃，早上很忙，簡單烤一下吐司，妳也不用費功夫不是很好嗎？我之前在公司一樓買咖啡配吐司套餐，想一想實在太浪費錢了，吃幾次就夠買一台烤吐司機了。」

「好吧，那就買吧。」

在那之後，先生真的買了烤吐司機，但只用過幾次而已。他一開始連聲讚嘆烤吐司機有多好用，在家烤吐司多好吃。但

是不到一個月，烤吐司機就失寵了。

　　最近我可能是工作太累，身體不舒服，總是下意識地捶著身體。
　　「怎麼了？」
　　「肩膀痛，手臂跟手腕也在痛……」
　　「不是有什麼石蠟溫熱療法嗎？醫院也有做物理治療的機器。買一台那個吧！」

　　先生一聽我說手痛，馬上勸我買儀器。我家的日常消費模式就是這樣子。如果馬上擁有某項物品，我們會變得舒服。不過消費需慎重，如果下定決心購入，在購買前就要考慮那項物品是否符合自己的需求，且能不能物盡其用。

　　關於消費，還有一件重要的事：「我現在擁有的物品庫存狀態。」我們得先確認自己擁有多少東西，才不會失手買下不必要的商品。有很多人買東西只是擺著好看，像是果汁機、紅參製造機、優格機等各種家電產品。家裡每天都在增加用不到幾次的物品，況且這類家電沒多久又會推出新款。

　　心裡愈空虛的人愈容易被強迫性的不安驅使，覺得一定

要買點什麼東西才行。為了買自己用不到的東西，得跑一趟百貨公司或超市，既花錢又花時間。家裡有的東西又重複購買，也是常有的事。

動手整理，就能減少不必要的消費

我去委託人還沒整理過的家時，發現很多多餘的東西。比方說貼身衣物和襪子，明明夠穿，但是一看到新的，又會習慣買起來放。女性的貼身內衣褲是成套的，所以數量真的很多，說不定從星期一開始，每天換一件新內衣，三十天內都不會重複。

一次性大量購買的好處是，覺得省錢很有感，會想讚美自己進行了省錢的聰明消費。另一方面，不知為何總覺得自己穿上那些衣服會變得跟模特兒一樣漂亮，感到非常幸福。

我過去也有類似經驗。我家有五兄妹，我是最小的三女兒。家裡孩子太多，爸媽沒辦法替每個孩子都買衣服，所以身為老么的我會接手姐姐的舊衣。不知道是不是因為這樣，當我開始自己賺錢時，只要一拿到薪水，花最多錢的就是買衣服。衣服太貴我也買不起，所以一直買便宜的衣服。之後回頭看，

發現我買了很多類似的衣服，只差在顏色不同，甚至我還買了兩件一模一樣的衣服。當時的我不知道自己適合什麼樣的衣服，不過是不停地衝動性購物。

現在的我會時常打開衣櫃，在吊掛的衣服中，有我不買會後悔的衣服，有不錯的衣服，也會有不適合我的衣服。其他沒什麼機會穿的衣服，就送給身邊適合這些衣服的人吧！

在投身整理這個行業後，原本不知道買好衣的我有了很大的變化。我減少了不必要的消費，如果一定得買，我會買能用得久的好東西。「整理」改變了我的消費模式，也改變了我的人生。

在養成整理的習慣後，我能清楚區分什麼是該丟棄的東西，什麼是不該買的東西。僅僅做到好好整理，就能讓房子變得寬敞且降低消費欲望，藉此省錢。原本每個月不知花到哪裡的錢，如果能每一分每一毫都花在刀口上，精打細算，會發現有很多不必要的小錢支出，無形中累積變成大錢。藉由整理，我們能擁有掌控物品的控制力，進行合理消費，省下原先會被浪費的錢。

整理能準確了解擁有的物品量和種類，幫助進行合理消費。

Part two

如何讓家變得
好整理？
不妨這樣做！

01

當人生出現變化時，
就需要整理

　　人生在世，每個人都有自己的整理方式，只不過每個人
的整理時機和次數不一，有每天、每週，或每季整理一次的人，
當然，也有一生都在猶豫要不要整理的人。

　　以日為單位，每天整理的人大多是在已經整理好的狀態
下，進行小角落的整理。比方說，上班前把換下的家居服掛進
衣櫃，或是吃完早餐後，邊準備上班，邊擦洗好碗盤上的水
氣，再收回原位。如果是全職主婦，每天早上送先生及孩子出
門後，上午便開始整理家務。

　　如果是平日不整理的單身上班族，週末要整理的家務會
變多，要清洗堆了一週的衣物，並使用吸塵器打掃清潔，把弄
亂的物品歸到原位。除了這種日常的小整理，我們還有什麼時
候需要大整理呢？就是「離別」的瞬間。

大家應該都有過和心愛的人分手後整理物品的經驗。把會讓我們想起那個人的物品收集起來，舉凡照片、戒指、信件或各種禮物，任何會讓我們想起那個人的所有物品，全部一次裝進箱子。說不定丟掉的東西還包括留著沒用，丟又覺得可惜的熊玩偶，也可能有人捨不得丟而珍藏起來。無論如何，也算是進行了大致的整理。

　　對於「什麼時候會想整理」這個提問，很多人的答案是：「當遇到人生重大變化或重大事件時。」我剛才提過了，離別的瞬間就是需要大整理的時候，這裡我說的離別並不侷限於男女的愛情。

　　子女成年離家、子女結婚時，或是父母過世時，以及國中生、高中生寄宿在學校等，包含上述所有情況，每當家中有人要離開時就需要大整理。

　　人生有「離別」就有「相遇」。有時家中會多了新成員，最具代表性的相遇就是新生命的到來。家有新生兒，父母得替孩子考慮，整理原本只有兩夫妻使用的空間，準備好給孩子的空間才行。

又或是孩子想養寵物，進而家中多了隻小狗，那就要準備給寵物的空間。因為小狗需要的不只是生活空間，還需要放置相關物品的地方，所以需要整理；抑或是家族多了新成員，原有的成員就得為新成員準備空間。這些時候都會讓我們感覺到整理的必要性。

有孩子的家必須因應孩子的成長時期進行整理。孩子上學前和上學後會有巨大的變化，在孩子五歲之前，其物品會以玩具為主，等到了六或七歲，就需要自己的書桌。那時也正是改變房間擺設的時候。

還有一個一定需要整理的時刻，即搬家前後或是房屋重新裝潢時。如果我們錯過這個時間點，沒能進行整理，會導致新空間黯然失色，變得毫無意義。雖然人們會覺得在搬家或裝潢後整理是天經地義，可是擅長整理的人在搬家或裝潢前就開始整理了。因為事先決定好要丟棄的物品，能省下不少搬家費或裝潢費。

當家裡出現變化後，說不定現有的家具會不適合新的裝潢風格。考慮到這一點，我們必須決定該添購哪些適合新空間的物品，或該丟掉哪些不適合新空間的物品。

搬家後要重新拿出整理好的物品，有些人會覺得乾脆堆著就好，為什麼要這麼麻煩拿出來。但就算是只把一件衣服放在箱子裡而不拿出來整理，那件衣服也會變皺。所以說，搬家是搬家，整理是整理，把兩者想成兩件截然不同的事較恰當。

有時候，整理是為了迎接更好的未來

不是一定要搬家或裝潢時，才能賦予整理意義，反而是無法搬家或裝潢的情況時，能使整理發揮效用。因為我們不用花大錢，也能覺得像是住進新房一樣，便宜又划算。搬家或裝潢支出的費用，根本和整理無法相比。

另一個需要整理的時刻，是除了現在使用的物品之外，累積太多無用之物時。細想物品太多這句話的背後意思就是：「我不知道我擁有多少東西。因為不知道，所以老是購物。」如果有整理就知道自己擁有多少東西，自然會減少重複購買的可能性，只買需要的物品。

「衣櫃裡永遠少一件衣服。」這是人們常說的話。衣服很多，但沒半件能穿。世界變化的速度超乎我們的想像，尤其是科技日益進步，商品時時刻刻都在更新。我記得以前我買了

電視購物頻道販售的化妝品，在我用完它之前，又出了新款化妝品，結果我再度購買。有些家庭也會有相同的電器用品，因為更新、更好的產品上市，又重新購入升級的版本。

More tips！
一定需要整理的瞬間

- ⊘ 家中多了新成員時
- ⊘ 有家人離開家時
- ⊘ 孩子長大時
- ⊘ 搬家前後或裝潢前後
- ⊘ 物品太多時
- ⊘ 本人覺得家裡需要改變時

由於科技發展速度快過購物的速度，所以我們無法配合需求購物，要是每次推出新產品就必買，一年後，我們擁有的舊款商品就會堆得跟山一樣高，家裡的東西太多，連要找出一雙成對的襪子都難。

當我們覺得人生產生了變化或是需要變化的時候，一定要進行「整理」。 迎接新成員、送心愛的家人離開，或是離開熟悉的地方，搬到新地方住時，整理能讓我們實實在在地感受那份變化，並且接受。

02

整理不複雜，
三步驟就上手

最近整理變成了熱門話題，我在準備這本書的時候，市面上出版了非常多的整理相關書籍。從學會整理就能變成有錢人或成功人士，到以斷捨離為重點，教導讀者如何整理的書，不乏出色的內容。

網路或電視節目中也出現了各式各樣的整理教學內容，只要稍微搜尋影片，就能找到針織衣物折疊法、內衣襪子折疊法和冰箱整理術等的實用性內容。

但是，人們對於整理有一個誤會。把毛巾折好或是剪開衣架做成面紙架等，這些並非整理的全部。當然，我在整理時也會剪開寶特瓶，將其多用途利用，或是把空紙袋作為收納的抽屜使用，也會拆下咖啡手提杯托拿來裝孩子的鞋子。

有趣的點子能替整理注入創意性，也能帶給整理的人樂趣，但整理並不僅止於此。當然，整理的完成度也包含了上述這些細節，但為了執行細節，我們得先規劃好整體藍圖。在整理之前，規劃整體藍圖的重要性，占據了整個整理流程的一半以上。

　　人們每次下定決心整理卻總是半途而廢的原因，也是因為沒有事先想好整理的步驟。不考慮整理步驟便漫無目的進行，容易疲憊。為了能好好整理，我們可以按照下列三步驟來進行：

　　① 由外至內：從最外的陽台開始，是整理的起點。
　　② 從大到小：家具從大整理到小，決定擺放位置。
　　③ 按物品種類整理，而不是按空間。

　　如果能從大處著眼，小處著手，整理就一點都不難。請大家記住這三個要點。接下來我們一項一項來看：

①由外至內

　　由外至內的意思是，規劃整理的整體藍圖時，不是從寢室或兒童房開始規劃，而要從「陽台」著眼。整理的起點是陽

台，是要最先察看的空間。

陽台會有很多需要丟棄的物品，像是幾年前用剩的壁紙、打算送給別人的東西、孩子長大後用不到的物品、用過一兩次就放著不用的腳部按摩機等，種類繁多到我們根本忘記它們的存在了。

請各位發揮魄力，果敢地丟棄吧！這樣一來，家裡才能放進需要的物品。**陽台應該要用來保管使用頻率低或換季物品，甚至是不常用但體積大的物品。**

②從大到小

從大到小的意思是，決定好空間使用目的，描繪好大致藍圖後，從最大的家具開始，決定物品擺放的位置。家具從大整理到小，最後再整理要放進家具的物品。這樣才能規劃好居家空間的框架，決定哪些東西該放進家裡。整體藍圖的思考關鍵就是：「如何擺放家具。」

我們要根據空間的使用目的，先擺放最大的物品。有時我會在委託人家中，發現某些家具不符合該空間的使用目的，比方說有的家庭在主臥室放了一張書桌，我還看過把梳妝台放

在廚房的個案。物品不在自己該在的位置，或物品該是那個空間的中心卻不在其中，當物品找不到自己的位置而徘徊的瞬間，所謂「房間的概念」也會跟著消失。當我們需要添購新家具時，先考慮整體空間格局，再考慮到小細節，謹慎購買最重要。

如果我們萌生改變家中格局的念頭，那麼光是重新定義房間使用目的，把適合該空間的家具放在其該在的位置上，就足以改變整個家的氛圍。

雖說拼湊好拼圖碎片能完成一整幅拼圖，但是整理和拼圖恰恰相反。整理得先思考整體藍圖，了解藍圖的面貌，先放大型家具，再放小型家具，最後再進一步細分更小的物品。不過，比起拼完一幅拼圖，整理能讓我們嘗到更大的喜悅。

③按物品種類整理，而不是按空間

整理不能按空間思考，要按物品種類思考。人們進行整理時，通常會從寢室、兒童房、洗手間、陽台、廚房、客廳和玄關，按空間一一整理。這種方法適用於平時的整理，不適用於想把家改頭換面的時候。遇到搬家、重新裝潢，或其他要徹底改變整個家的情況時，**整理一定要按「物品種類」進行。**只

有這樣，才能維持長久的整理效果，不會變成發憤整理一次之後，沒幾天後又恢復原狀的情形。

舉例來說，如果要整理衣物，就要先把家中所有的衣服，包括送去洗衣店的衣服等，全部放在一起，再決定每件衣物該放置的位置。

即便各位現在稍微打量家中，也會發現孩子的物品或先生的用品散落在寢室、客廳和廚房。因此，必須把這些東西放回其該在的地方。

【整理的基本順序】
拿出所有物品→分類→整理

再次強調，整理時必須先規劃好整體藍圖，再構思細節。過度執著於細節，花再長時間也整理不完。不是只把襪子漂亮收納就叫整理，請著眼於大處，大動作地執行整理吧！

03

不盲目跟流行，
而是打造我家的專屬風格

每個房間，都該有使用目的

當我造訪委託人的家時，無論客廳也好，寢室也罷，經常會發生認不出主人的房間。如果委託人的孩子還小，那麼客廳會變成孩子的遊樂場，而父母因為要陪孩子共寢，主臥室漸漸地被孩子的物品占領。父母和孩子都沒有自己的空間，必須一起生活。即便房子空間夠大，也時常會有空間界線不分的狀況，很多時候讀書的房間也不像是用來讀書的空間。

父母把大電視和書桌一起放在客廳，自己看電視的同時，強迫孩子用功唸書，希望孩子能有好成績。幾年前發生過一件事，當時我打算整理委託人家的兒童房，於是我走進了房間。房間窗戶被雜物遮擋，房裡雜亂又昏暗。

「為什麼遮住窗戶？」

「是玩具的關係。孩子不太進自己的房間，所以東西一件件擱在窗戶邊，就變成這樣了。」

雖然有為孩子準備房間，但是房間主人不回自己的空間，導致房間變成了倉庫。既然都成了倉庫，就不能稱之為孩子的房間。

我們在動手整理時，一定要決定好每間房間的使用目的。過去曾是孩子的房間，現在是倉庫，這間房間變成了無意義的空間。因事制宜，一個空間不一定只有一個使用目的，假如房間數比全家的人口數少，則書房和學習的房間可以合併使用，同樣地，客廳可以作為一家人的公共空間，也可以是為了孩子準備的空間。

別人家的風格，不一定適合我家

有一陣子，流行把陽台布置得和咖啡廳一樣，昏暗的照明下擺著咖啡桌，讓人萌生悠哉品飲的念頭。不過只流行了一段時間。因為看起來很有品味，所以有的家庭刻意擴建陽台，或是把陽台改造成咖啡廳風格，然而享受過幾次氣氛之後便棄

之不理了。

我在工作時，對委託人的第一個提問就是詢問每個房間的使用目的。大多數的家庭格局相仿，會得到的答案也差不多，不過仔細一想，每個家庭都是不同的。由於每個家庭成員的組成不同，藉由詢問每個房間的使用目的，我能清楚掌握前往該個案家的目的。因為家家戶戶的整理目的都不同。

我也曾經犯過錯。婚後的我有機會造訪別人的家，我看到對方客廳裡放著美麗的書櫃，顯得整個家很有品味，於是我依樣畫葫蘆，將家中的一堆書都拿出來，把客廳當成書房般布置，但老實說，我從沒在客廳看書。

等到孩子出生後，原本放在客廳的書櫃被我搬回房間，我更不可能在客廳看書了。模仿別人的家，結果我的家失去了自己的風格。**別人家的裝潢風格看起來再好看，假如不適合自己的家，終究不過是「他人的喜好」罷了。**

現在我家的風格和別人家的風格不同，就像我羨慕別人的家一樣，說不定也有人羨慕我家。和他人比較只會比不完，不會帶給家人們幸福。

整理占據家中空間的物品，重新救活原本已經死亡的空間，就足以讓家變得不同。我們居住的地方，且能生活得長長久久的空間，就是家。如果家中的房間都合乎使用目的且能讓人好好休息，和他人相比，這就是更好的家。

04

每位家庭成員，
都該有專屬的空間

「你住在哪裡？」

「大樓裡。」

「我住在透天厝。」

「我住在花園別墅。」

大部分的人都能毫不猶豫地回答這個問題，還有些人會仔細答出自己住的地方。我家在哪裡、幾坪大小，帶著一絲炫耀意味。如果我這樣問呢？「你過著什麼樣的生活？」人們猶豫片刻後，往往會轉移話題。

這是幾個月前發生的事。我造訪了一位委託人的家，那是一個因為衣服多到爆炸而大感頭疼的家庭。雖然家裡只有夫妻兩個人住，但雜亂無序的衣服多到讓衣櫃的門關不起來。衣服塞滿了衣櫃，更甚者，衣服散落在床上、沙發和地板上。家

中的各角落都有一座衣服山，幾乎都是委託人的衣服，而委託人先生的衣物量則不到她的三分之一。

「家裡沒地方放衣服，雖然我們想過搬到更大的家……」
「問題好像不是出在房子的坪數大小。」

我內心偷偷地嘆氣，這不是搬到大房子就能解決的問題。其他房間的情況也差不多，有一個房間直接被當成衣物間，開放式的掛衣架擺成了「ㄷ」字形。

散落四處的衣服，光看就充滿壓力。

委託人表示，一開始還會細心整理衣物，但從某個瞬間起，便開始隨意掛放。掛衣架上不只掛滿衣服，也堆滿了衣服。房門旁的書櫃陳列著鞋子和帽子，與其說是陳列，不如說是亂放。我見過不少衣物量多的家庭，但多到這種程度還是第一次。

　　委託人注意到我的表情，含含糊糊地說：「我也想整理……」委託人表示一看到堆積如山的衣物就很有壓力，家醜不可外揚，招待客人到家裡玩是遙不可及的夢想。委託人有心整理，奈何事與願違。隨著時間過去，她逐漸變得自暴自棄，先生也因家裡亂，時常發脾氣，整理變成了夫妻吵架的最大原因。委託人因為自己不擅整理，充滿了內疚，自信感煙消雲散。

　　解決這種情況的方法只有一個：委託人必須意識到自己占據了多大的空間，並且要創造給先生的空間。這個家庭的整理首要之務是「減少委託人的東西」，這樣才能為先生創造收納衣物的空間。

　　在我和委託人討論整體家具布置和動線之後，我花了一整天的時間整理，格外費心在安排先生的空間上。在整理時，委託人頻頻露出不捨神情，不斷地翻看那些要被丟棄的衣物。

隔天下午，委託人致電我，表示早上先生去上班前，打開衣櫃看到井然有序的白襯衫，嚇了一大跳。不只如此，先生看到擺放整齊的西裝和領帶，用感動的目光看著委託人，輕快地說：「今天想吃什麼？要不要出去吃？」委託人睽違許久地替先生挑選上班用的領帶，那是一條白底帶著粉紅點點的領帶。委託人說在整理之前，自己根本不知道有這條領帶的存在。先生上班的心情變好，而委託人因為先生的一句話更加開心。

事實上，很多時候委託人對於先生一人負責賺錢養家感到抱歉，現在因為整理，委託人覺得身為主婦的價值得到提升。委託人開始用心整理家，先生得以邀請朋友們到家裡玩。明明不是喬遷宴，氣氛卻像是喬遷宴一樣愉悅，先生鬆了一口氣。聽到這個消息，我也露出了笑容。

擁有自己的空間，回家才有歸屬感

我在整理諮商時的原則之一，是創造每個家族成員各自的空間。從上述諮詢案可以知道，我特意創造了委託人先生的專屬空間。所謂的專屬空間，不是一定要給委託人先生一個房間或一個獨立的空間，而是至少先生下班回家，有一個放公事包或皮夾的地方。真的沒辦法，至少整理出一格書櫃或一個抽

屜，專門放先生的東西也是一種創造空間的技巧。

比起放東西的地方，更重要的是「屬於對方的地方」。家裡有一個屬於自己的位置和空間，就算在家的時間和其他家人相比較少，也能覺得家是一個感到舒服、想親近的空間。

就像創造屬於先生的空間一樣，創造太太的空間也很重要。「我不需要。沒有我的空間也沒關係……」每當我提到屬於太太的空間時，很多主婦會表示自己不需要另外的空間。**沒有人不需要自己的空間，除了讓身心休息、吃飯睡覺的空間之外，每個「人」都需要另一個空間。**不管有沒有工作或休閒生活，都要有一個不是給某人的太太、某人的女兒，或是某人的媽媽的空間，而是給身為「人」，也就是自己的空間。

那個空間不必如同咖啡廳般也沒關係，即便是客廳一角或廚房角落也好，像我會把正在閱讀的整理相關書籍放在廚房水槽上方，把那裡作為我的空間使用。一個不是正規的空間，卻能讓我完全專注在自我的地方；一個在結束忙得暈頭轉向的工作之後，能好好整理自己，制定日後計畫的地方。

近來許多家庭會以孩子為中心，在全家人的共用空間放

置擺滿童書的書櫃，廚房裡也放滿孩子的藥、餅乾和兒童專用餐具，家中每個角落都是孩子的東西，甚至連主臥室也堆滿了孩子的衣服。孩子還小時，不得不和父母共用空間，等孩子長大到擁有自己房間時，就需要自己的衣櫃。孩子約莫長到六至七歲，就會打開衣櫃幫自己配衣服。

父母必須給孩子選擇的權利。如果媽媽按自己的喜好布置孩子的房間，孩子對自己的房間便不會有感情，萬一媽媽無微不至地呵護孩子到長大成人，孩子會變成一個無法做選擇的人。最近的孩子叛逆期來得早，大概國小中年級之後，就會變得敏感。叛逆期的孩子極需自己的空間，不願意被別人妨礙，企圖從他人的視線解放。

最近養寵物的家庭也不在少數，雖然把寵物當成家中一份子，但絕大多數的家庭沒有替寵物準備獨立空間。有一次，一位年長的委託人找我諮詢。我一到委託人家裡，他的小狗就衝出來狂吠。那隻小狗跟其他人家中的狗不同，叫得特別凶。

「不要叫了，過來。」小狗一進到主人的懷中就停止吠叫，但牠看著我的視線依舊銳利。

「最近多虧了這個小傢伙，生活才變得有意思。」委託人說。為了好好地進行諮商，我開始觀察整個住家，腳下卻發出奇怪的嗶聲，一看，原來是小狗的玩具，客廳也鋪滿寵物的尿布墊。我注意到尿布墊四周有著褐色斑點，還有股味道。

「看來您的小狗分不清楚大小便。」
「我訓練過了，但是牠學不會。」
「家裡好多狗狗的東西。」
委託人的廚房和房間全放著小狗吃的藥、衣服、尿布墊和玩具。「用寵物圍欄圍起來較好，小狗才會知道圍欄裡是自己的家。」委託人把小狗當成家中一份子，卻忘了規劃出屬於牠的空間，以至於整個家都變成了小狗的家。

幸福的家庭無疑地源自於一家人共享的時間和空間，然而，家人們同時也需要個人的時間和空間。享有幸福家庭時光的前提是，個人也享有自我的幸福時光。在保障獨立空間的同時，家人們也能有待在一起的空間，無論何時都想要回去休息的地方才是家，不是嗎？**不管再大的房子，不論是父母、孩子或任何人，獨占空間都不是件好事**，如果是四口之家，就該藉由整理創造出四個人的專屬空間。

每個物品都該有
自己的家和位置

在前文提到的整理三步驟裡，我特別強調按照「物品種類」整理。創造物品的家和位置，是按物品種類整理的最基本原則，就像我們住的地方有住址一樣，家裡物品也要有自己的家和位置。

大家不妨想像無家可歸的情景，光是想像居無定所，到處流浪的心情就心累。人要有能舒服休息的安穩生活環境，才能朝氣蓬勃地度過每一天。物品也一樣，被任意放在某處，回不了家的物品，終會喪失自己應有的角色，被置之不理，時間流逝，就算能重見天日，也會變得無法使用。站在人類的立場，頂多再買一個一樣的就行了，但站在物品的立場，還沒活出屬於自己的精彩人生之前就被拋棄了。

為了發揮物品的最大價值，我們必須決定每個物品的位置，用過的東西要物歸原位，好比人一大早出門，晚上會回家一樣。

　　委託人來委託我的時候，通常會這樣說：
「請幫我整理客廳。」
「請幫我整理房間。」

　　這正是人們對整理最常見的誤解。**整理的對象不是空間，是物品。**以空間為概念的整理很可能一次就結束了，如果希望長期維持整理效果，一定要按物品種類進行整理。

　　所以正確的說法應該是這樣：「請幫我整理衣物。」該被整理的不是房間，衣服不只會出現在房間，也會出現在家中四處。整理就得把家中各角落的衣服集中在一起。同樣地，整理廚房也不是只整理放在廚房的物品，必須集中所有的廚房相關物品。

　　我接到的委託案中，最大宗是陽台整理。陽台是不能獨立整理的地方之一，整理陽台必須先清空陽台的物品。陽台是必須先行保留的空間，也是整個住家整理收拾結束後，用來收

納使用頻率最低的物品的地方。陽台是整理開始的地方，也是整理結束的地方，因此我整理時會先考慮物品量和陽台大小。

有一次某位委託人拜託我整理衣物，我把衣櫃裡的衣服拿出來後，則接連出現了浴室用品、書、工具等各式各樣的物品。我和委託人瞬間相對無言，只能笑出來。從十年前買的物品到一星期前買了卻忘記的物品，衣櫃裡什麼都有。家裡是這種狀態，要找到只用過一次的物品並拿出來重複使用，當然有困難。

「咦？原來它在這裡。」
「您在找什麼？」
「幾天前，孩子問我有沒有 USB，我記得先生參加研習時帶了一個回來，翻遍了客廳也找不到，原來在這裡。通常都會放在客廳收納櫃的，真奇怪。」

「當然奇怪，我偶爾也會發現物品出現在和我記憶中不一樣的地方。這種時候最好替物品創造它們的家，比如說，養成習慣把遙控器、各種電子產品說明書和電線收進客廳收納櫃，如此一來，客廳抽屜就會變成那些物品的家。」

「聽起來很有道理，我每天早上都花大把時間幫孩子找東西。天啊，這是我家老么美術課穿的圍裙，我以為弄丟了，今天還罵了他……」

委託人說到一半沉默，滿臉歉疚想起早上上課前被罵的孩子。像這樣，沒有明確訂出物品的位置，物品就會散落四方，哪怕主人翻遍整個家也找不到失去位置的物品蹤影。

物品也要回家，用完記得物歸原位

隨時都能輕鬆找到物品的整理術出乎意外地簡單，先制定好物品種類後再整理就好。一般家庭常見的物品大致分成：衣物類、廚房用品、鞋子、醫藥品、工具類、書、當季用品、休閒愛好用品等。先把家中物品全部拿出來，分類後再按物品種類整理。

將物品分門別類整理好後，再進一步細分，像是該把物品放到哪一個房間、物品的主人是誰等。如果是衣物類，依序分類出衣物的主人、季節和用途。像是西裝、休閒服、高爾夫球裝、運動服、居家服、睡衣和韓服之類的衣物，不用分得太細也沒關係。襪子翻面也無妨，只要把同一類衣物放在一起就

行了。比起將物品放得漂亮，按種類整理更重要。很多人會投入大量心力整理，企圖整理得美觀漂亮，但很難長期維持整理的效果，也容易因為太累而只整理一次，最後只會抱怨家裡又恢復原樣，只好選擇把物品放到視線範圍外，眼不見為淨。

那時候，正在做功課的孩子急急忙忙跑來找委託人。

「媽媽，膠水放在哪裡？」

「我怎麼知道。你上次也在找膠水找不到，不是買了一瓶新的嗎？」

「是這樣沒錯啦，可是我找好久都找不到。我們家好像有黑洞，東西老是消失。」

「真是的，你每次找不到東西都說家裡沒有。」

物品沒有長腳，之所以會發生這種事，是因為主人沒有替物品創造位置，沒有好好物歸原位。物品沒有收納在同一處，所以連自己有沒有那項物品也不知道，遍尋不著之際，最後只能買新的。

分門別類整理物品的好處是，我們可以一眼就確認自己擁有哪些物品。好的整理不是一次收納一大堆東西，一旦無法確認物品量就無法物盡其用，一段時間過去後，物品會發出臭

味或是損壞。先替物品決定好它們的位置，要用的時候拿出來，用完放回去。各位只要遵守這項規則，就能創造整理一次，效果維持一輩子的系統化整理術。

　　以我的孩子來舉例，他們放學回家後會回自己的房間，把書包放進書桌旁的籃子，換上家居服，換下的衣服掛回衣櫃，要洗的襪子放到洗衣機旁的洗衣籃。最近他們喜歡把襪子捲成一球，玩洗衣籃射籃遊戲，會因為一次射籃成功開懷大笑。如

替物品創造屬於自己的位置，就能長久維持乾淨的狀態。

果射不進去，就會嘟起嘴巴，把襪子撿起來，放進洗衣籃。這些事情不用五分鐘就能完成，我不用特別做什麼，家中也能長期維持乾淨的狀態。

我先生下班回家也一樣。他會回到主臥室拿出自己身上所有的東西，把皮夾、手錶、戒指放到我替他準備的抽屜裡，再換上家居服，整理脫下的衣服。因為先生怕麻煩，所以我準備了簡單的衣架，方便他重新掛回衣櫃，然後去洗澡。真的很簡單，只要先決定好物品的家和位置就行了。

06

家是共同的空間，
不是個人的儲藏室

大多數的住家坪數有限，並不像電視劇裡會出現的豪宅，因此整理時必須慎思每個家庭成員的個別空間。

如果可以，把廚房打造成兩夫妻的專屬空間，週末閒暇在廚房喝杯茶，分享一星期以來的生活。假如餐桌是可收納式的長型餐桌，招待客人來訪就可使用，平時亦可當作陪孩子們寫作業的空間。和餐桌相連的小抽屜或書櫃，則可用來收納自己的興趣愛好用品。如果家裡沒有地方布置個人的興趣愛好品，哪怕只是裝飾一面牆也好，利用收納技巧來創造小空間，不要浪費。

並非空間不足，我們就不能過舒服的生活，而是要活用智慧，發揮小空間的用處。空間愈不夠，愈要省著用。空間小

的家庭，在居家整理並賦予空間價值的同時，家人之間也能學習到為彼此著想的態度。我經常會看到沉迷於自己的興趣愛好，而不考慮家人立場的案例。

「這是什麼？」

「是收集硬幣的瓶子。幾年前不是十元硬幣全面改版了嗎？那時候我先生跑去銀行換的。」

「看來您先生有收集東西的興趣。」

「在小房間裡也有他收藏的特別版郵票和紀念硬幣，還有很多他到處撿來的東西。他是我們家的麻煩人物。」

客廳裡有十個存錢筒，模樣各異，有大的空酒瓶、空的飲料罐，也有小豬存錢筒，且存錢筒的數量與日俱增。

「這些還不是全部，我叫他把存起來的硬幣拿去銀行換成紙鈔，他不肯。」

「全部換成紙鈔好像會比較好，也好整理。」

「最近銀行和以前不一樣，不能隨便換錢了，所以我才一直沒去換。如果打開這些存錢筒，應該會發現一些很久以前發行的舊版硬幣吧！」

委託人一聊到先生的收藏癖話題就停不下來，先生不僅收藏郵票和硬幣，特別之處是連破爛都會撿。家中陽台擺了很多種滿奇形怪狀植物的花盆，都是先生買回來的。

委託人好像放棄先生，不想再管他了。她說唸過先生，也發了脾氣，但是一點用都沒有，一團亂的家讓她壓力很大。先生收集的物品占了很大空間，導致孩子的東西沒地方放。一個全心全意投入在工作上，擅長照顧且理解外人的人，奇怪的是，對家人卻不是那樣。

家不是一個人住，而是全家人一起住的地方。我建議委託人找個時間，安排全家人一起整理屬於全家的公共空間。透過整理，便可知道誰是這個家中東西最多的人，還能親眼確認自己的物品是否放到了公共空間。**如果某個人的物品大量占據公共空間，就得把空間讓出來給其他家人。**

曾被一人獨占的空間，回歸成全家人共同使用的空間，看似自己的空間變小了，但原本狹小的家會重生為寬敞的家。「整理」能加深家人之間互相理解和彼此照料的心。

07

不必要的物品，
使居住空間愈來愈小

　　我造訪過很多委託人的家，每個家都會出現一些類似物品，諸如買東西收到的贈品和買一送一的物品、冰箱的過期食物、陽台堆放的洗衣粉等，房子主人可能根本不記得那些東西的存在。

　　人們在電視購物頻道或超市看到便宜的東西，會覺得買到賺到，但是仔細想想，事實並非如此。買來的成套內衣中只有兩件是滿意的，甚至尺碼大小有些許出入。假如內衣一組十六件或三十件一組，而人們一次不會只買一個牌子，可能會買兩三個牌子的不同組內衣，結果變成大量購入，衣櫃裡堆滿很多連吊牌都沒剪的內衣，真要丟掉又覺得可惜。

　　「不必要的東西總是變多。」這是我最近造訪的委託人

的故事。委託人娘家媽媽趁超市開幕紀念日，買回一大堆特價衛生紙。特價衛生紙除了堆滿在孩子的房間，也堆在主臥室，甚至滿到天花板。我因為衛生紙而打不開房門，深怕衛生紙會倒下。

陽台也堆滿了衛生紙和洗衣粉，委託人說是喬遷宴收到的禮物。委託人因不愛確認家裡有多少東西，經常重複購入相同物品，是這個家堆滿衛生紙的另一個原因。不知道什麼時候會用到的物品變成了這個家的主人。

尤其是老人家，因為經歷過經濟不好的年代，所以不管是自己買來的或是別人送的東西，就算當下用不到，也會先收起來。如果您是這類的人，不妨先考慮這些免費物品是否會讓家人之間的生活空間變小，造成家人們的不便呢？

因為便宜，所以大量購入；因為免費，所以多拿一個；因為是收到的贈禮，所以帶回家。結果家不再是家，瞬間變成了堆放物品的倉庫。把免費又有用的東西帶回家，心情確實好，但也會造成困擾。買一送一的商品通常是即期物品，在使用前就有可能先過期了；作為贈品的商品往往品質不好，很多時候淪為廢物，只能丟掉。

我有一個朋友去買東西，因為店家說贈品是兩台電風扇，所以那位朋友把兩台看似全新的電風扇一起帶回家。原以為撿到便宜，結果打開電風扇後吹出來的風卻一點都不涼。現在那位朋友左右為難，丟也不是，不丟也不是，被兩台電風扇占據了住家空間。

不久前我看電視，某位女性向節目製作組發送了煩惱事由——關於她沉迷於電視購物的先生。先生沉迷於電視購物已經十八年，家裡囤積了五十套貼身內衣、一百套登山服和很多買來用不到的東西，像是縫紉機、頭皮按摩機、除濕機、淨水器等，丟了又買，丟了又買，無限循環。

那位女性的小坪數家中堆滿物品，以至於無處立足，她帶了部分物品到節目中展示，裡面有好幾個相同的品項。一名節目主持人說，既然有兩個一樣的，不如給他一個，那位女性毫不猶豫地答應了。

節目錄製的現場觀眾看到那位女性家裡的照片，一致露出驚詫的表情。即使大家給予如此反應，那位先生仍堅稱自己沒有對電視購物上癮。他坦承每當發現自己喜歡的物品，又或是搶在電視購物產品販售截止之前搶購成功時，就會很開心，

相反地，如果發現有買一送一的活動，自己卻沒買到，會感到自責煩躁。

這位女性有多困擾才會把煩惱事由寄給節目製作組呢？雖然我們不是當事人，但是我們的購物習慣跟這位女性的先生相去不遠。或許還不到丟了又買的地步，但跟重複購入相同物品的道理差不多。我們只要覺得哪裡不對勁，或感覺好像少了什麼東西，就會馬上購買新物品，還會因為贈品失心瘋，一不小心就手滑。

現代人只要坐在電腦前點一下滑鼠，購買的東西就會當日配送到府，住家附近也不乏超市和便利商店，購物便利。再者，新品層出不窮，有時只要替店家留言評價，對方又會多贈送一個。表面上得到好處，實際上存著不拿白不拿心態，**貪心收下的物品，反而讓我們的生活空間愈來愈小。**

08

練習斷捨離，
是整理的第一步

面對物品超量的家庭，總會讓我心生惋惜且鬱悶。家裡堆滿了不必要的物品，有時東西從衣櫃滿到玄關，甚至電視收納櫃淹沒在物品中，就連沙發也堆出了一座衣服山。

某位委託人長時間忍耐，直到人生的某個瞬間，強烈地想要變化，或是想從根本上解決家中的雜亂問題，於是求助於身為整理專家的我。內心渴求變化，拜託整理專家進行整理，卻往往困於自己長久以來養成的習慣和思維，跨不出步伐。

「真的不能丟掉嗎？那就很難按您希望的整理。」

即便聽見左右為難的我說出這種話，依然有改變不了想法的委託人。我不是不明白這些委託人的心情，他們深知東西

太多，必須丟掉，而真要丟掉時又會開始覺得不安，加上挑選要丟棄的物品也不是一件容易的事。和那些無法斷捨離的委託人見面，我也跟著煩惱。

「我真的很想整理家裡，但為什麼就是捨不得丟呢？」

整理的背後蘊含著審視自我的意義。起先，家裡的物品大多是自己喜歡才買的，從某一瞬間出現了「我那時候為什麼買了這個？」的想法。碗盤單看很漂亮，但把全部的碗盤放在一起看時，缺乏整體性，再加上碗盤量過多，收納箱裡裝的全都是過時的碗盤。

「我媽說碗盤不夠，客人來家裡作客怎麼辦，要我先買回家再說。」

實際上，客人不會天天造訪。時代變了，現代人更偏好約在外面，充其量只會到朋友家裡喝杯茶。某位委託人家裡的碗盤是上述那種情形，而委託人家中杯子的情況也不遑多讓，種類繁多，舉凡紅酒杯組、洋酒杯組、茶杯組和茶具組，有很多連一次都沒用過的杯子。

那位委託人家中只有三位成員，碗櫃的櫥盤卻大爆滿。委託人娘家媽媽過去買的古早風格碗盤擺滿了碗櫃，事實上，那種風格的碗盤是媽媽喜歡的，和真正在使用碗盤的委託人喜好差很遠。如果只有碗盤就算了，木筷、牙刷和幾十個小菜收納盒也堆滿了廚房，數量多到要爆炸。

　　至於買一送一的便宜商品，不太喝的各種茶和即溶咖啡也不少，抽屜堆滿了根本不會用的連鎖餐廳紙巾及免洗餐具，想著總有一天會用到的這些東西，其實正一點點地吞噬全家人的生活空間，但當事人仍狀況外，結果又購入相同的物品。

　　購物會花費很多時間，買回來的東西卻用不到，只好堆積在家中。物品超量以至於不知道家裡有什麼東西，結果又重複購買。當物品量超過本人能使用的範圍後，一定要開始丟棄。這時候不要忘記一件事，那就是丟棄物品的標準。假如不事先制定好丟棄的標準，隨便亂扔，以後很可能又會購入一樣的東西，萬一又購入相同的物品，下次要丟時就沒那麼簡單了。

　　既然如此，丟棄物品的標準是什麼呢？第一，我們必須丟掉家人們「現在」不使用的物品；第二，從相同的物品中，挑出以後會使用的品項，其他丟掉。至於使用頻率低但不可缺

的物品，另外保管存放。

事實上，我們不會需要這麼多東西

　　幾年前，我有過整理失敗的案例。我已經替那位委託人規劃好空間整體藍圖和家具擺放的位置，可惜問題在後面。

　　「先把衣櫃裡所有的東西拿出來。」我和員工們一起拿出了委託人的所有衣服，衣物量多得驚人，其中包括各種包包和小物。甚至委託人小時候用過的東西，好像都堆在家裡了。

　　「請從這些東西裡挑出您用不到的東西。」委託人拿起衣服又放下，拿起又放下，不停反覆這樣過程，把不穿的衣服、不用的背包和小東西集中放到右邊。結果數量比現在會用到的東西還多。

　　「請從這些物品中挑出您覺得珍貴的物品。」我一開口，委託人迫不及待地翻看那些物品。長時間挑選後，委託人從堆積成山的物品裡選出了一半以上要保留的物品。

　　「您要留下的東西太多了，您是怎麼打算的呢？如果堅

持留下來，就很難做到真正的整理。」

「我捨不得丟。我也下過決心要丟東西，但就是覺得有些衣服以後總有一天會穿到，捨不得丟。唉，我每次整理時，總是會把要丟掉的東西放回不丟的那一邊。」

萬事起頭難，一開始就果敢丟東西不是件容易的事，慢慢練習之後就會愈來愈上手。當物品符合丟棄的標準卻又捨不得丟時，想想心愛家人的臉吧！把丟棄東西想成是為了家人的幸福，必須扣上的第一顆鈕釦，那麼事情就會變得容易了。

More tips！
丟棄物品的標準

⊘ 丟掉家人們「現在」不使用的物品。
⊘ 從相同的物品中，挑出以後會使用的品項，其他丟掉。
⊘ 使用頻率低但不可缺的物品，另外保管存放。

09

家中的每一扇門，
都要能完全打開

　　我曾經碰過去委託人家裡估算整理成本，房門打不開，不好編列預算的情形。那位委託人家的房門只能打開三分之一，委託人卻說維持這種狀態也沒關係。會這樣是因為門後放著很多不用的物品。

　　要著手整理的房子，房門卻只能打開一點點，這就像要我們和一個緊閉心房的人對話一樣，我們有可能和很難聊的句點王暢所欲言嗎？縱使我們想說什麼，也會把想說的話吞回肚子裡，只有單方面吐露心聲，總覺得有些吃虧。房門只打得開一點點的房子有著莫名的距離感，我只能尷尬地稍微打量。

　　請各位試著打開緊閉的房門吧！如果您正住在打不開房門的屋子裡，那麼就是需要整理的時候了。為了能讓房門大

開，必須重新擺設家具。另外，當我們從房門角度望進房內時，視線範圍內的空間應乾淨寬敞、令人心曠神怡，如此才能爽快地踏入房中。

在我經手過的案子中，打不開房門的住家比想像得多。除了寢室和書房之外，多用途室和陽台也因為堆滿雜物，一樣打不開房門；把衣櫃放到陽台，或是把衣服疊掛在附輪衣物架上；家中唯一的衣櫃無法完全收納一家四口的衣服，於是每扇房門後都掛上 X 型衣架或是木頭衣架，結果因太重導致房門裂開，進而關不上門。

有一次我前往一家四口居住的小坪數二房公寓。三個房間的物品都很多，導致所有的房門都只能開一半，幸好廚房東西少，保留了一家人的用餐空間。我試圖打開委託人正值高中生的女兒房間，結果只能開一半的房門。開門後，一個大書櫃映入眼簾，書櫃左側是書桌，右側是床，至於房門不能完全打開的原因，是因為房門後掛滿了衣服。

書櫃裡收納的東西也不少，像是女兒的包包、帽子等。我進房後打算仔細觀察房門後方空間，突然間，一個東西跳了出來——是一隻貓。因為陌生來客，貓咪一邊喵喵叫，一邊擺

出了攻擊姿態。委託人笑說是養了多年的貓，胖乎乎身材相當驚人。我想起在玄關鞋櫃旁，的確擺有貓咪的飯碗和玩具。

「衣服全都掛在門後呢！」
「家裡小，沒什麼地方收納，就變成這樣了。」
「這樣房門會打不開。」
「我們也是不得已的，實在沒有地方收納衣服，幸好還能掛在牆上。」
「如果把書櫃換小，應該可以多放一個衣櫃來收納衣服，房間也能變乾淨。」

我們很難用客觀的角度去看待自己的家。家中物品隨著居住的時間變多了，收納變成住在屋子裡的人的煩惱，最後選了一個讓房門關不上的收納方式。無法全開的房門造就了死氣沉沉的生活空間及憂鬱，甚至是躲在暗處嚇客人的寵物。

衣服不是唯一造成房門打不開的因素。委託人希望孩子能養成閱讀習慣，長成正直又優秀的人，於是把書放在孩子的活動動線上，因此家中四處都是書櫃。但委託人應該先想想，孩子看書的頻率是否真的因此而增加？我想大概成效不彰吧！再說，地面上隨處扔放的書反而會被孩子踩到。與其在家中四

處擺滿書，不如打造一個能全神貫注閱讀，屬於孩子的閱讀空間，這樣一來，孩子看完書之後也能學習整理。

看不見的隱蔽空間和堆積的雜物，會讓家中陷入無法打掃整理的惡性循環，進而危害到全家人的健康。**在風水上來說，門是納氣的重要入口，打不開的房門會壓制氣運，影響到全家人的好運。請動起來整理，打開所有的房門吧！**

僅僅是打開所有的房門，就能帶來敞開心房的暢快感，獲益良多。當房門大開的那一刻，家人們緊閉的心房也會一起敞開。

10

購物要精準，
別讓超量物品反客為主

在客人來訪之前，屋主用最快速度收拾家務，好巧不巧地，主人失陪片刻之際，客人打開眼前的櫃子，東西猝不及防地掉在客人的頭上，散落一地。這是我以前看過的某支電視廣告內容，這種事真的只會發生在廣告中嗎？在現實生活中，我們也會遇到類似情境，因為翻箱倒櫃想找東西，卻讓收納好的東西掉滿地。

掌控人生和擁有適量物品有著密不可分的關係，超量的物品會反客為主，奪去我們的人生主導權。整理冰箱時常會發現早該丟棄的食品，冷凍庫不知何時起塞滿了該丟的肉品、年糕和魚，而冷藏庫則是堆滿了蔬菜。

比起食品，一般人認為能長期使用的電子產品帶來的問

題更嚴重。整理陽台時，會發現堆放著被遺忘的按摩機或足浴機等產品。死水易腐，不用的機器也易鏽，如果那些物品放在我們的視線範圍內，偶爾還會使用，一旦被放在看不到的地方，別說使用，我們根本不記得它們的存在。

買東西花的不僅是錢，還要花時間、花能量，換言之，購物讓我們失去寶貴的金錢、時間和能量。我們受到了物質的束縛，錯認比別人擁有更多的東西是一種能力。

大多數的先生們會有一些共同喜愛的物品，那就是電子產品和汽車。舉例來說，新手機上市後，有些先生便迫不及待地排隊購買，但和太太去逛街時卻對排隊反感。電子產品價值不菲，真的物有所值嗎？我聽說過某些夫妻結婚十年，但十年來，先生換了快十輛車。

只要我喜歡就都買是不行的。「我就是這種人，我就是有能力買這種東西的人」，人們購物大多是為了滿足這種物質上的虛榮心，希望別人看到自己買的東西而心生欣羨。很多時候，剛換車沒多久又換車，而且愈換愈大台，這一切皆因欲望所致。

三天兩頭的購物行為，展現了當事人對物質的欲望及喜新厭舊的心理。這類型的人買到真的很想買的東西時，的確會產生滿足感，引發興奮情緒，但過沒多久，喜新厭舊，那項物品很快地失去了價值，所以又想買新東西。凌晨就去排隊，花了好幾個小時買到想要的東西卻也精疲力竭了。買東西消耗金錢和能量，讓他們獲得了短暫的快樂，但隨即又會被渴望購物的欲望折磨，再次購物以追求短暫的快樂。

被物品束縛的人生是失去自由的人生，購物成癮的這些人都成了物品的奴隸，用不斷購物以填補對物質的欲望，炫耀性消費最終演變成精神官能症，造成當事人的精神壓力。

丟棄的物品量，一定要超過購入量

我個人會隨時檢查家中是否有不需要的物品，並且要求孩子們如果有以後不會再玩的玩具要說出來。不過即便我定期整理現有的物品，物品量還是會在不知不覺間慢慢增加。

就算自己不購物，仍不免收到別人的贈禮。不管怎麼做，家中都會有物品進來。丟掉不必要的物品，數量哪怕只比購入的物品數多一樣也好，這樣才能維持家中物品的均衡狀態。

長年累月堆積物品，物品在某個瞬間超過我們能控制的數量，就是危險訊號響起的時候。因此我前往每位委託人的家中整理後，一定會說這些話：「現在才是整理真正的開始。如果您不能掌控物品的數量，就會被物品淹沒。不能誤以為丟棄物品已經告一段落，以後還是要繼續斷捨離。」

　　會整理家務和擁有對自己人生的掌控力是相同的。請各位謹記在心，我們丟棄的物品量一定要超過購物量，才不至於被物品束縛，也能讓物品數量一直維持在我們能掌控的範圍內。

Part three

不用換大房子，
也能讓家更寬敞！

01

〔主臥室〕
要安靜舒適，才能好好休息

主臥室中一定要有床和衣櫃

主臥室必須成為夫妻共用的溫馨舒適空間。床和衣櫃占據了主臥室的最大空間，假如擺入床和衣櫃後，主臥室還剩下許多空間，那就無妨；相反地，如果主臥室的空間不足以擺入兩樣家具，大部分的人會選擇放入床，而留下的衣櫃時常變成棘手的問題。

與其說衣櫃是問題，不如說衣服是問題更恰當。我不管去哪一個家庭協助整理，最大的任務就是衣物，因為衣服實在太多了，多到有時光是打開衣櫃門就令人窒息。超量的衣物使得原應放在主臥室的衣櫃被移出，我甚至看過把衣櫃放在玄關的家庭。

衣櫃和床是一整組的家具，所以被移出主臥室的衣櫃，和其他家具顯得格格不入，加上不明確的房間界線，使得衣服找不到自己應該在的位置，衣櫃當然無法物盡其用，衣櫃的失職進而使衣物也無法好好地被收納，導致房間、客廳和陽台到處都是雜亂堆放的衣物。

　　我建議各位購入壁櫥或衣櫃時，盡可能選擇吊掛收納式的品項。比起有許多分層隔板，能吊掛更多衣服的衣櫃更有利於整理。如果現有衣櫃的吊掛收納空間很小，不妨委託改裝師傅加裝衣櫃桿。

　　為了讓主臥室成為夫妻能安心入眠的地方，無論如何都要想辦法放入床（或是打地鋪的折疊床墊）和衣櫃。某些家庭會把衣服或東西堆在床上，或整天都不收起打地鋪的床墊，由於主臥室的物品量過多，夫妻甚至不使用床。有些家庭的主臥室角落會放一台大電視，但電視的電磁波會妨礙睡眠，夫妻間的對話會因為看電視而變少。試想，一早在這種雜亂無章的房間中醒來，別說紓解疲勞，我們的身體只會變得更沉重。

　　如果空間不夠，不論是衣櫃或床皆可，先按物品的使用目的整理該拿出主臥室的東西。臥室是終日忙碌之後，讓我們

只要改變主臥室的氣氛，就能感受到新婚氣息。

獲得充分休息的空間，營造有利於休息，安心入睡的氣氛吧！
主臥室是夫妻最重要的空間，單是救活臥室，就能找回新婚期
的甜蜜和新鮮感。

一目了然的衣物整理術

在每個家庭的整理作業中，最龐大的部分就是整理衣服。
先不論衣服量，衣服分布在家中四處，光是全部收集在一起就
不容易。整理衣物首要考慮的是，誰是這個家裡衣服最多的

人、這個家是雙薪還是單薪家庭，接著將所有衣物分類出正式服裝和便服，再按衣服的長短分類。

‧ 拿出家中所有的衣服

在正式開始整理衣物之前，請各位先觀察主臥室空間。主臥室裡只有一個衣櫃，還是另有更衣間？主臥室的大小是否足以放進一個十呎大的衣櫃？畢竟每間房子的主臥室空間不同，所以整理衣服時，各位得先確認是否所有的衣物都能收納在主臥室。

首先，在整理衣服之前，各位要在腦海中事先描繪好什麼地方該放什麼東西，包括平常很少穿的衣服或防災服之類的衣物，如能一併規劃會更好。在整理衣服之前先描繪好大藍圖，能幫助各位更輕鬆地掌握整理重點。

接著，請拿出全部的衣服。如果有送洗衣物，記得去乾洗店全部取回。在確實掌握一家人的衣服量之後，先按衣物主人，再按會穿和不會穿的衣服區分好。

‧ 丟棄不穿的衣服

在此，請各位暫時深呼吸，讓心情平靜下來，因為我們

即將進入正式整理階段。讓我們的家變得如此難整理的主因就是「丟棄衣物」，現在是時候正式進入這一階段了。如果整理者不先做好心理準備，將很難丟棄。我現在說得這麼困難，似乎會讓各位的壓力更大，不過，請一邊想著整理完後的變化，一邊再進行最後的深呼吸吧！

下列這段我與委託人的對話內容，在整理的過程中，屢見不鮮。

「這件衣服是什麼時候穿的？」

「天啊，那套是結婚禮服。不便宜呢，我穿一次看看吧！」

過一陣子，委託人會帶著不好意思的表情回到房間說：

「身材變了，真奇怪，我明明沒變胖多少……」

「花大錢買的，您一定覺得很可惜，不過既然是不能穿的衣服，果敢地丟掉怎麼樣？」

「話是這樣說沒錯啦……，還是先留著吧！」

如果這樣就結束還算好的，不過有些委託人連十年前流行過的衣物是否該丟，都會猶豫不決，最後決定先留下。原本

是為了丟衣服才開始的整理，最後整理出一堆丟不掉的衣服，而我的委託人們不約而同地會說這句話：「說不定哪一天會再次流行。」

這句話沒錯，流行是會回來的，但誰也不知道流行什麼時候會回來，就算流行回來了，我們的外表也和從前有著微妙的差異。流行原本就是反映時下的趨勢，真的穿上從前的衣服，並堅稱自己是復古風，仍免不了老土感。

有些委託人說自己會改造衣物，捨不得丟掉；也有些現在衣服穿 XL 號的委託人，捨不得丟掉二十幾歲時穿的 M 號衣服。委託人們似乎深信留下最年輕貌美時穿過的衣服，總有一天能重返舊日時光。

很遺憾地，珍藏舊衣的人得到了過去，失去了現在。因為珍藏舊衣，以致衣櫃放滿不能穿的衣服，由於放不下現在要穿的衣服，最終只能到處隨意掛放。

承認吧！回憶雖美，然今非昔比，身材和臉孔都已不復當年。過去那樣穿很美，但看看現在的自己，早就不同以往，活在當下吧！現在的自己年紀大了，身材也變了，穿上適合現

在，能襯托自己的衣服更好。

有一位委託人的衣櫃內收藏了三十多件喇叭褲。因為折疊得很好，所以委託人自己也不知道有這麼多件喇叭褲，拿出來一看才發現褲子的數量極多，包括褲管很寬的喇叭褲和褲管比較窄的喇叭褲，還有昂貴品牌的牛仔褲。而委託人對於丟掉永遠不退流行的牛仔褲，會感到可惜。

試想，如果讓我們現在穿著衣櫃裡的喇叭褲去百貨公司，或是和朋友們去看電影，我們能欣然穿出門嗎？如果會猶豫，想必答案已是不揭自明。

雖然丟棄衣物會很捨不得，會覺得很可惜，不過整理者必須果斷地做出決定。因為有比珍藏舊衣更重要的事情——救活主臥室空間。

・ 分門別類將衣服吊起

各位現在已分類好不穿的衣服了嗎？用力鼓掌，讚美自己的時間到了。挑出不穿的衣服是非常困難的工作，舉例來說，如果整理是一份作業，現在的各位已經解開其中難度最高的問題，所以不用吝於讚美自己，接下來，讓我們帶著自信邁

向下一個階段。

即然我們已經決定好要留下的衣服，請依照下述類別區分衣服：

上身：襯衫、套裝外套、夾克、風衣、皮衣、大衣、貂皮大衣、皮草外套。

下身：裙子、套裝褲、容易起皺的棉質褲子、用柔軟材質做成的褲子。

套裝：登山服、運動服、高爾夫球服。

其他：洋裝。

接著把衣服按季節分類。先把一定要掛的外套、套裝、夾克、白襯衫和休閒襯衫掛起來；網眼衫（通常稱為 Polo 衫，就是馬球衫）如果沒好好收納會皺，所以一樣掛起來為佳；洋裝不分季節，「無條件」要掛起來；會起皺的裙子和褲子也要掛起來。

「衣服這麼多，為什麼一定要掛起來？折起來能收納更多的衣服，不是嗎？」

也許有人會這樣問：「為什麼要掛起來？」就像俗話說：「看不見，心就會變遠。」即便我們把衣服整齊折好，收入抽屜，但它們離開了我們的視線範圍就容易被遺忘。各位可以仔細想一想，是否有些衣服超過一年都沒穿了呢？如果是自己喜歡的衣服，為了經常穿它，更要掛起來才行；如果是沒那麼喜歡的衣服，那麼拋去迷戀，毅然丟棄更好。衣服掛起來後，顯

把衣服掛起來，
能一目了然地看
出自己目前擁有
多少衣服。

得一目了然，更容易確定自己擁有哪些款式的衣服，及目前的衣服數量。

　　如果該掛起來的衣服都掛好，而衣櫃還有多餘空間時，接著多放入一套當季衣服。按我的經驗，一般人會覺得冬季衣服比夏季衣服難整理，這是因為從貂皮大衣、羽絨衣、皮衣、針織衣、套裝到夾克等，冬季衣物分類多過夏季之故。

‧ 男性衣物吊掛法

　　此外，請記得另外準備掛男性西裝的空間。如果家中男性的外套量不大，可以和西裝掛在一起；相反地，如果有很多件外套，就把西裝、襯衫和西裝褲分開收納。至於運動服則是和家居服掛在一起。如果空間綽綽有餘，也可以把運動服和家居服分開收納，由於運動服大多是輕薄柔軟的材質，不論是長袖或短袖，夫妻的運動服可以掛在一起，建議由薄到厚，依序掛放。

‧ 各式褲類的收納

　　褲子則要考慮褲夾、位置和尺碼。吊掛褲子時，該放在衣櫃中間還是集中吊掛在衣櫃某一側，或是根據需要熨出折痕或是不需要熨出折痕來區分。

有些人考慮到褲子折痕問題，會將褲子倒過來夾掛，雖然倒吊夾掛是正確的收納方式，不過褲腳可能會留痕跡，所以我通常選擇正著掛。在掛西裝褲的時候，考慮到折痕問題，西裝褲左右對折後再掛起來為佳。

西裝、襯衫和褲子，要分格收納為佳。

掛好西裝褲之後，接下來是棉質褲。如果衣櫃沒空間了，就把牛仔褲和不易起皺的褲子折疊後收入抽屜；如果衣櫃還有空間，把牛仔褲掛起來會更好。我再強調一次：掛起來的衣服一目了然，我們才會記得穿。

　　百貨公司專櫃在掛衣服時，不是按種類款式，而是按顏色掛放。像是藍色款都掛在一起，黑色款掛一起，或粉紅色都掛一起等。以前店家會按種類掛衣服，但看起來非常凌亂，所以愈來愈多店家選擇按衣物顏色分類掛好。這種方法能讓衣服看起來更漂亮，吸引更多顧客的目光。

　　雖然有些人在家中也按衣物顏色分類掛放，不過家畢竟

考慮到西裝褲容易起皺，先對折後再夾掛。

不像商店是逛街買衣服的地方，而是我們和家人一起生活的空間，按衣物顏色掛放是有難度的做法，居家收納還是以穿搭方便為重點較好。

衣物該吊掛還是折疊的標準只有一個：掛「現在會穿的衣服」。舉例來說，如果現在是冬天，愈厚的衣物就要放在愈前面，一打開衣櫃就能馬上拿出來穿；如果現在是夏天，收納空間也夠，那就該把 T 恤也掛起來；不過，若明明是夏天，衣櫃內卻掛著針織衫，記得把針織衫折好收起，等到冬天再拿出來穿。同理，如果收納空間充足，可把羽絨服也掛起來。總而言之，**衣物要掛還是要折，都以「季節」為主。記住，整理的標準永遠是以「此刻」為主。**

如果收納空間不夠，就把不易起皺的牛仔褲折疊收起。

- 吊掛針織衫

　　吊掛針織衫時，為了避免衣物被拉長變形，大多會選用厚衣架，但厚衣架的缺點是容易占據衣櫃空間。下方是使用細衣架掛針織衫，維持衣物不變形的方法。

用細衣架掛針織衫的方法

1　將針織衫對折。

2　用衣物的腋下部位包住衣架。

3　把包住衣架的針織衫穿過衣架後固定。

衣服折好後，要立起來收納

　　若是居家空間太小，或衣櫃已爆滿而無法整理時，就要另外創造收納衣物的空間。按衣物長短吊掛時，在較短的西裝或夾克下方多出來的空間放衣物籃，專門收納不需吊掛的衣物或配件。

　　衣物籃裡不能混放衣服，只能放單一類別。請先準備放置長袖及短袖的衣物籃，假設現在是夏天，把穿不到的長袖衣服放進籃子，在長袖衣物籃上疊放夏天穿的短袖衣物籃。換季

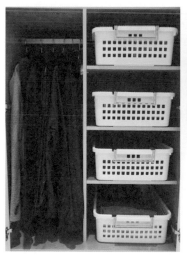

透過衣物籃，可充分利用衣櫃多出來的空間。

時，只需上下交換籃子即可，不用重新整理衣服，既方便又能維持現有的整理狀態。

此外，折好的衣服要立起來放進籃內，再放入衣物分隔板，避免衣服倒下。

先生和孩子們回家時，尤其是男孩子外出回來後，很不擅長把衣服掛回衣櫃。其實我先生也不習慣回家馬上掛衣服，為了養成習慣，必須周全考慮到先生和孩子們回家後的掛衣便利性。

孩子在外淋雨或淋雪後回家，穿著淋濕滴水的外套回房

把衣服折起後，立起來放進衣物籃內。

間，然後隨手把外套扔在書桌、椅子或床上。站在媽媽的立場上，外套丟在椅子上還算小事，若丟在床上，事情就嚴重了。外套的水沾到棉被，媽媽要處理的事情就變多了。

解決這個問題的方法是，在主臥室裡擺一個能掛衣服的直立型衣架，或是準備一個籃子，專門用來放當天穿出門的衣物、脫下的睡衣和貼身衣物。除了主臥室，在孩子的房間也放置相同的空籃子，一樣有效。

整理是件有樂趣的事，整理後長久維持乾淨的狀態所帶來的樂趣更大。試想，打開衣櫃時，看到衣櫃內井然有序的模樣吧！如果能活用衣物籃，建立系統化的整理方式，要維持整理後的乾淨狀態絕非難事。

這樣整理，衣服、配件再也不變形

要整理的衣物包含貼身衣物、棉被、當季用品、滑雪服、芭蕾舞衣、泳衣、滑板服、圍巾、領巾、毛圍巾等。要是連包包、帽子、太陽眼鏡等都能一起收納到衣櫃裡，是再好不過的事了。

· 整理貼身衣物

貼身衣物需另外整理。過去我們會用內衣分隔收納籃來放貼身衣物，但分隔收納籃的格數遠比貼身衣物的數量多，因此現在大家愛用長型收納籃。當然，如果各位的貼身衣物很多，用內衣分隔收納籃來整理也無妨。就像空間寬敞和狹隘時適用不同的整理方法，根據貼身衣物的數量多寡，整理方法也會不同。

女性內衣的收納旨在不變形，把內衣肩帶放進杯罩裡，就像內衣店裡的陳列方式般疊起收納。如果內衣分隔收納籃的格子空間小，或是用長型收納籃時，就把一邊的罩杯往另一邊罩杯對半折起，保持圓形收納即可。

至於內褲的折疊方式，為了看清楚內褲正面，把內褲反面朝上平鋪，內褲兩側先向內折，再把有裝飾品的肚臍部分往下折。收納時，淺色內褲放在深色內褲前，看起來較美觀。

· 整理襪子

先把襪子交叉擺成十字形，不停折疊，直到變成三角形為止。折襪子的方法有趣又簡單，能讓折衣服變成一種享受，光看著一一被收入籃子內的襪子，就會覺得很有成就感。

· 整理領巾

通常喜歡使用配件的人，大多擁有不少領巾。雖然現有的領巾不少，但是一到圍領巾的季節，又會跟隨流行趨勢購入新領巾。從毛草、羊毛、絲綢、短領巾、長領巾等，領巾種類五花八門。不同材質的領巾各有其不同的收納方式，而現在正在使用的領巾和以後才用得到的領巾，其收納方式也不同。有些電視節目會教大家把領巾和紙筒捲在一起直放收納，但如果是每天都要戴的領巾，這種收納方法很不實用。領巾盡可能掛放是最好的。

· 整理腰帶

腰帶種類繁多，像是正式套裝要搭配的腰帶或是布面腰帶等。和收納領巾一樣，不同材質的腰帶有不同的收納方式。人們通常會把腰帶捲起收納，但需格外留意，皮腰帶經過長時間折放會出現明顯的折痕。最實際的腰帶收納方式是：將相同材質的腰帶放一起收納。

· 整理包包

包包收納做得好，就能成為家中的裝飾。把包包按顏色、系列款式，分層收納進衣櫃。若是按種類收納，相同材質的包包可放一起，不過，放包包或帽子的櫃子，就不能再放衣服。

- **整理當季衣物**

　　舉凡泳裝、滑雪服、軍裝等，當季才會穿的衣服要另外收納。由於這類衣物穿到的機會不多，和其他不常用的物品一起保管即可。

衣物收納的方式也要量身打造

　　每位家人的習慣和喜好不同，整理時也要細心區分家庭成員的習慣或喜好。

・吊掛左撇子的衣服

　　左撇子和右撇子掛衣服的方向不同。通常拿衣服時，衣服正面要面向拿衣服的人。對左撇子來說，要讓拿出來的衣服正面面向自己，那麼掛的時候，其方向本身就和右撇子相反。

　　如果衣櫃使用者是左撇子，就得配合左撇子的習慣。萬一媽媽是右撇子，孩子是左撇子，媽媽掛衣服時就要配合孩子，不過大部分的媽媽都按自己的習慣收納。如果媽媽希望孩子能自動自發收拾房間，請配合孩子的習慣收拾會比較好。

・掛衣服的方式會反映出個人喜好

　　我曾經在一大早接到一位媽媽致電感謝，那位媽媽有一個唸高中的女兒，她說幾天前發生了一件事：

「媽媽謝謝妳，這是給妳的禮物。」
「怎麼回事？居然會說感謝我，還送我禮物？」
「之前妳替我整理房間，害我都找不到我愛穿的衣服，

可是這次一下子就找到了。」

「我是不是很聰明？」

「最好是。明明是整理專家幫妳的，妳看這個。」

「這是什麼？這不是短袖衣服嗎？」

「在冷氣房裡，長袖外搭短袖超時髦的。之前妳一到冬天就把夏天衣服全部收起來，說冬天要穿針織衫。我想穿短袖就得翻遍整個衣櫃。」

　　像這對母女一樣，媽媽在整理衣服或其他物品時，要考慮到每個家庭成員的習慣喜好。媽媽覺得不重要，易忽略的小地方，很可能是丈夫和孩子覺得重要的地方。雖然配合不同家人的習慣喜好進行整理較麻煩，但想成是藉由整理得到機會，以了解過去所不知道或錯過時機了解的家人。

棉被只留下用得到的數量就好

　　在整理衣櫃時，最先被拿出來的是體積龐大的棉被。很多時候我們為了確認收納空間的大小，會把所有的棉被拿出來集中擺放，卻被棉被的總體積嚇到。有些家庭欠缺棉被收納空間，不得已把棉被收在兒童房衣櫃上方，或是放置牆角，甚至有些家庭會把棉被收在陽台。

我們到底該怎麼整理龐大的棉被呢？為了空間著想，最好先整理不用的棉被。有些家庭為客人準備的棉被和枕頭太多，就算先用壓縮真空袋收納，然而等到要用時拿出，卻發現霉味太重，根本不能用。

棉被最占衣櫃空間，只保留家人們用得到的數量即可，尤其棉被會與肌膚直接接觸，**太舊的棉被一定要淘汰**。另外，配合居家空間大小，給客人使用的備用棉被和枕頭，請不要留太多。

· **折棉被的方法**

　　折棉被時，要避免把收棉被的櫃子塞滿，請將棉被刻意折成櫃子空間的一半大小即可。這種折法如同打開大門一樣，所以叫作「大門折法」。用大門折法折被，在整理棉被櫃時，可以輕鬆達到美觀的效果。薄被請另外收納，而太厚折不起來的冬被則攤平放即可。

　　因為使用了大門折法，當棉被收進櫃子時，可分成左右兩邊收納，中間稍微留點空隙，放入報紙，如果不放報紙，改放除濕劑也可以，但要仔細確認除濕劑的開封使用日期，定期更換。另外，隨時打開棉被櫃換氣，也是一種整理棉被的方式。

　　整理棉被的季節也很重要。換季時，厚毯子收到衣櫃下方，再把薄被拿出來即可。枕套的清洗頻率要高於棉被，事實上，我們比預期地更不在意枕套的清潔。如果家裡有好幾個枕套供輪流使用，那麼就把洗好的枕套預先折好，掛在衣架上，方便隨時更換。如果棉被櫃有附設抽屜，可以把夏天蓋的薄毯及鋪地板的棉被、兒童被和大毛巾等，一併收入。

折棉被的方法

1　攤平棉被。

2　把上下兩邊往中間折。

3　再次往內折起。

4　再把左右兩邊往中間折。

5　再次對折。

6　完成。

梳妝台只放正在用的物品，其他請收起來

　　整理化妝品之前要先檢視梳妝台。梳妝台可以收納多少保養品和化妝品？有可能估得出來，也有可能估不出來。各位請先將梳妝台桌面和抽屜清空，把現在正在使用及還沒開封的物品，全部拿出來後拍一張照片，這樣才能知道梳妝台面臨的問題有多嚴重。

　　接著是決定物品去留的步驟。先把過期的保養品和化妝品丟掉，決定好要丟棄哪些保養品和化妝品之後，再按照基礎

護膚步驟——化妝水、乳液和乳霜，挑出真的會用到的保養品放在梳妝台上。如果抽屜很淺，容易灑出來的產品也請放到桌上。筆類、刷具等需要直放的用品也一起放在桌上。

　　眼影、蜜粉或是腮紅等化妝品若直立擺放，說不定粉末會灑出來，所以要水平橫放。梳妝台上只放照鏡子時會用到的品項，因此吹風機也不一定要放在梳妝台，放在洗手間亦可。如果梳妝台空間不夠，無法收納還沒開封的產品，可另外使用箱子保管。

梳妝台上的東西愈少愈好。

梳妝台整理術

- ⊘ 清除和保養品、化妝品無關的東西。
- ⊘ 只放需要的物品,其他都收起來。
- ⊘ 體積大的保養品和化妝品,請放在梳妝台上。
- ⊘ 試用品也請放在梳妝台上,方便取用。

　　此外,請先使用買化妝品時贈送的試用品。有些委託人的家中堆滿了免費贈送的試用品,我問他們為什麼不用,大部分的委託人說要等旅遊時再用,日積月累後,試用品變成了躺在梳妝台的累贅,通常最終的命運都是被丟進垃圾桶。

　　正在使用的化妝品卻沒有好好整理,像是眼線筆和眼影等,容易在梳妝台留下痕跡。此外,使用過後卻不蓋好保養品的蓋子,在瓶身和蓋子間會積灰塵。如果各位已經創造出梳妝台的收納空間,只需好好地收納即可,其他如眼影盤、口紅、粉餅或粉底霜,可採直立式放進抽屜保管。

・整理飾品

　　如果梳妝台有設計分隔收納空間,可決定戒指、耳環、

項鍊和手鍊要放的收納格；如果沒有設計分隔收納空間，利用小巧漂亮的盤子也是方法之一。用盤子分門別類收納，打開抽屜時能一目了然自己擁有哪些飾品。如果飾品量大，建議放進珠寶盒較好。

如果家中沒有更衣間，飾品配件和化妝品就要一起收納在梳妝台。飾品配件可以分成裝飾配件、項鍊、耳環、戒指、髮夾、髮帶等。飾品量不多的人，可以把太陽眼鏡和手錶一起收進梳妝台，但如果收藏量很大，就得收納在更衣間較好。

便宜又好搭的化妝品和飾品，容易使我們生火手滑，不過反過來說，也很容易買來後只堆在一旁，最後全變成要丟棄的東西。雖然是老話重提，不過我想再次提醒各位，聰明消費，只買需要的東西和數量就好。

02

〔兒童房〕
不能只考慮現在，
也要想到孩子的未來

家具換位置，也能改變房間氣氛

在規劃布置兒童房的家具時，要先看清楚房間的格局。若是正方形的房間，不論家具怎麼放，因為四面都有牆，所以能保持房間的安穩與美觀，假如是長方形的房間，可把床橫放到房間最裡面，盡可能把扣除床的剩下空間打造成正方形。房間已經是長方形，若床也靠著較長的牆壁放，剩餘的空間就會變小。

請先搭配好家具尺寸和顏色，不要放進太大件的家具。從門邊看進去，不要看到太大或太高的家具為佳。請各位記住，光是家具的擺放方式就能改變整個房間的氣氛。

父母在布置兒童房的家具時，需周全考慮孩子未來的成長和變化。發育中的孩子們一天天長大，採買家具若太符合孩子當時的年紀，不是一個好的做法，一定要把眼光放遠。如果父母疏忽，配合孩子當時的身高購買家具，孩子轉眼間長大，大小固定的家具已不敷使用，又不能隨便丟棄，孩子只能繼續使用小時候的家具。

　　某天我去某位委託人的家中進行整理。委託人說孩子小學三年級，算是班上的高個子，但不知道為何彎腰駝背，我注意到那個孩子的肩膀特別內縮。雖然我很在意，但不方便問得太細，於是把心思放回整理家務上，但孩子房間的書桌引起我的注意，正好委託人說：

　　「不知道為什麼孩子老是含胸駝背，是因為姿勢不良嗎？我每天早上都會叫他抬頭挺胸，可是他改不掉駝背的習慣……」
　　「在我來看，他已經比同齡的孩子高了。」
　　「是嗎？」

　　因為我要著手整理房間，所以委託人叫孩子收拾東西出房間。我們等了好一陣子，孩子都沒出來，於是我和委託人一

起打開了房門，看到孩子坐在書桌前專注寫東西，沒發現媽媽進房了。

委託人說：「兒子，你在幹嘛？」
孩子嚇了一大跳，發出叫聲：

「哎喲！」
「怎麼了？」
「媽媽，你看我坐在書桌前的樣子。」

天啊，孩子的膝蓋已經頂到了書桌，而且椅子看起來非常矮。兒子笑得天真爛漫，把褲管捲到膝蓋，讓委託人看他膝蓋上的瘀青，委託人露出哭笑不得的表情。孩子會長大，且發育速度比媽媽預期的還要快。希望家長們在買孩子用的家具時，一定要記住這件事。

衣櫃也是兒童房不可缺的家具之一，能把孩子的衣服全部掛起來最好，尤其是洋裝和現在常穿的衣服一定要掛起來。兒童衣櫃的空間不足以掛冬季衣物，孩子長大後的衣服量也會像大人一樣變多，且衣服體積也會變大，**比起購買符合孩子身**

高的衣櫃，買成人衣櫃會更好。 衣架也用成人衣架或是乾洗店送的衣架，只要把它們拗折起來活用即可。

買孩子用的衣櫃時，
不要買兒童衣櫃，買成人衣櫃更好。

就算兩個孩子共用一間房，也必須有各自的獨立空間。

不管孩子幾歲，每個孩子都需要自己的房間。如果兩個孩子共用一間房，父母在配置家具時也要為孩子創造個別的獨立空間。最重要的是，兒童房的主人是孩子。父母不要只會嘮叨孩子收拾房間，要相信、幫助孩子，讓孩子能成為那個空間中真正的主人。

孩子的物品一定要放在他的房間

父母整理孩子的房間時，最需要注意的地方是，要讓房間成為孩子能盡情玩樂的空間。考慮到年紀小的孩子有可能會隨意打開收納櫃，因此房內要使用即使孩子亂開櫃門也不會受傷的家具，並收納不會影響孩子安全的物品即可。

最近父母怕孩子受傷，習慣鋪防撞地墊和安全圍欄，以防止孩子到處亂跑亂撞。父母與其擔心孩子受傷，不如打造一個不會受傷的環境。

・整理玩具

假如是三到四歲的孩子，比起教他們分門別類收納玩具，父母把全部玩具集中收納在一個桶子裡，讓孩子能自由自在地玩又能簡單整理會更好。前提是，父母要限制玩具的數量。等

到孩子大概長到七歲，就要教孩子如何分門別類收納玩具，讓他們學會整理自己的玩具。至於收玩具的方法，也要按孩子的年紀和性格進行調整。

・整理孩子的衣服

通常媽媽會認為童裝比成人服裝小件，應該折起來才對，其實孩子的衣服要掛起來才行，這樣才能立即掌握孩子的衣服尺寸，區分出孩子穿得下和穿不下的衣服。再者，孩子不像媽媽那麼會折衣服，很難自行維持整理好的狀態，弄亂後會變成都是媽媽在整理，孩子漸漸變得不會整理。

・整理教具

市面上的兒童學習教具五花八門，按不同的廠牌收納教具，一開始很整齊美觀，但不實際。兩三歲大的孩子推倒收納好的教具，媽媽就得負責整理散亂的教具，因為很費時也不可能每次都這樣做，結果教具又會回到凌亂的狀態。父母買教具必須先考慮到這一點，謹慎購買。整理教具的要點是，避免隨意擺放，集中收好放在同一個角落即可。

我最近造訪了某位委託人的家，從牆上到天花板，那個家裡堆滿了各式各樣孩子學習和玩樂的教具。那些配合孩子身高，

吊掛在天花板的教具總是在我眼前晃來晃去，有時候我的頭還會不小心撞到。孩子的東西讓一家人失去了舒適的生活空間，就算孩子現在還不會自己待在房間玩，大部分的時間都在客廳，父母還是得養成習慣，把孩子的東西收在孩子的房間內。

讓孩子養成動手整理的習慣

整理就是生活，在培養孩子的整理習慣時，父母會產生重要的作用。在叫孩子用功讀書之前，父母首先要協助其養成整理的習慣。整理和從小教孩子吃完飯刷牙，出外回家後洗手一樣，都是基本的生活習慣。

父母培養孩子自動自發，養成主動整理的習慣，也自然地會影響孩子不會在找不到想要的東西時，就立刻購買新的，要好好保管自己現有的東西，養成物盡其用的消費習慣。

· 自行整理

父母可以從小開始，教孩子把玩具收進箱子裡。比如說，樂高玩具要收進放樂高的箱子裡，娃娃要收進放娃娃的箱子內。孩子剛開始整理時很生疏，父母也不要教訓孩子，要耐心給予幫助，培養孩子在不同年紀時應具備的分類收納能力。

當孩子學會識字也懂得自行收納玩具時，父母接著要教導孩子不同的分類收納法。若孩子年紀小，父母大致定義好分類收納箱即可，等到孩子長大了，就可以進一步細分收納方法。比方說，父母小時候教孩子把鉛筆、色鉛筆和尺等，各種文具全部集中收納，在孩子長大後，就可把文具分類成鉛筆、尺、簽字筆和橡皮擦，多準備一些箱子幫助孩子輕鬆分類收納。

　　孩子用不到的原子筆和危險的刀子，也不要收在孩子房內。父母每個月要定時勤勞地檢查孩子的房間，確認粉蠟筆和色鉛筆等是否有物歸原位。如果孩子添購了新的上學用品，先收進專門收納新物品的位置，等上學時再拿出來。

　　整理多餘的物品，可以讓房間一直維持在整理好的理想狀態，父母也必須培養孩子有挑出用不到物品的能力。父母決定好物品的收納位置，讓孩子練習物歸原位，避免發生東西亂丟的情況。

　　孩子的書桌上只放需要的東西，且愈少愈好。父母持續不斷地訓練孩子「物歸原位」是非常重要的。雛鳥在學會飛翔之前，母鳥也會讓雛鳥先做數百次的振翅練習。父母平常反覆地引導孩子練習，他們自然能養成良好的生活習慣。

若孩子覺得物歸原位很麻煩，證明還沒養成整理的習慣，若是養成習慣整理，孩子絕對不會覺得很麻煩，反而會覺得整理是理所當然的事。從小養成整理的好習慣，對孩子來說將受用終生。

　　雖說孩子比成人更難養成整理習慣，但只要父母投入心力，好好地教會孩子，絕對有可能辦到。舉例來說，父母在孩子的房間放一個籃子，制定好規則，讓孩子把上學前換下的家居服固定放入，放學後換穿家居服時，也把書包放進籃子內，就能輕鬆地改掉孩子亂丟書包的習慣。

　　如果是年幼的孩子，老師會進行家庭訪問。父母準備讓老師和孩子一起玩的教具，要盡量收在孩子拿不到的地方；相反地，孩子常玩的教具要配合其身高，放在低處。

　　我的孩子在幼稚園時學過一首兒歌：

　　「小朋友們玩具玩到一半，跑出去玩耍了！小朋友們玩回來，玩具哭著說，都怪你們隨便把我丟在外面，外面的人用腳踢了我，不可以再這樣，不可以再這樣，如果你們再這樣，我會討厭你們。」

這首歌是金聲均老師的〈扔下我跑掉〉兒歌的第一小節，我的孩子經常一邊唱這首歌，一邊整理自己的東西。他說班上同學若整理得很棒，老師會誇獎他們並獎勵好吃的食物，自己也覺得很驕傲。在幼稚園內，孩子們一聽到這首歌就會開始整理。除了這個方法之外，還有很多能讓孩子快樂整理的方式。

有人說小孩子才不會整理，果真如此嗎？小孩子不是不會整理，他們去幼稚園和學校都能整理得很好，為什麼唯獨在家裡做不好？那是因為家中的大人沒教孩子怎麼整理，也不叫他們整理。父母不要一邊追著孩子，一邊幫忙整理，要鼓勵孩子養成整理的習慣。

· 遵守整理的時間

別讓孩子養成拖延症，要讓他們學會隨時整理。隨時保持整潔就能讓整理變得輕鬆簡單，若一直拖延，最終整理會變成一項大工程。為了讓孩子遵守整理的時間，父母要定時清點孩子書桌上該丟棄的物品。假如不這樣做，孩子做完作業後，應該物歸原位的書和筆記本，便會找不到自己的位置。東西用完後要放回原處，但如果該放東西的空間不見了，孩子當然會藉口拖延，逃避整理。

玩具也是，父母要規定孩子一次只能從玩具箱拿出一個玩具，玩完後要先收回箱子，才能拿另一個玩具。假如父母觀察過孩子玩耍的模樣就會知道，當許多玩具放在同一處時，孩子為了找到自己想玩的玩具，會把所有的玩具倒出來，一大堆玩具混在一起，會變得很難整理，孩子自然無法遵守整理時間。為了不讓玩具混在一起，父母要時常清點、分類玩具。

　　孩子看似懵懂無知，像是不知道自己生活在什麼樣的空間裡，其實他們全都知道。家中雜亂無章，孩子也會打消想招待同學到家裡玩的念頭。提供孩子乾淨的環境，幫助他們養成整理的習慣及維持整理後的乾淨狀態，這些都是父母的責任。

如何整理學齡前孩子的房間？

　　「媽媽，唸故事給我聽。」過去，我和某位委託人進行整理諮商時，委託人的孩子拿著書跑到客廳說：「嗶啵嗶啵！消防車出動了。嗶啵嗶啵！」我和唸著書的委託人都笑了。好像是因為孩子很喜歡看書，所以那位委託人的家裡藏書眾多。委託人唸故事給孩子聽，調皮的孩子就會把書搶走，把書頁開開合合。委託人請求我的諒解後，又再次唸起故事，這次孩子變得安靜，好一陣子沒說話，我以為孩子陷入故事情節中，其

實是孩子在不知不覺間進入了夢鄉。

「她有自己的房間，但是沒什麼使用。」
「孩子的東西都收在自己房間內嗎？」
「沒有。大部分收在主臥室。」

委託人不好意思地笑了。擁有自己的房間是孩子的生活權利，父母既然替孩子準備好房間，就要把孩子的生活所需物品都搬到他們的房間。不過，孩子的房間通常比主臥室小，很少有家庭能把床、書桌、書櫃、衣櫃和玩具全部放入，所以父母往往會放棄其中一項家具，選擇把書櫃放到房間外，或是把電視放到客廳中間，剩餘的空間用來收納孩子的物品。

電視櫃可以用來收納孩子的物品，將尿布或玩具收進電視櫃抽屜裡，父母和孩子都能過得更方便。只不過，就算把客廳當成孩子的遊樂場，也不能全部塞滿孩子的東西。

如果父母沒辦法另外準備孩子的房間，那就把客廳的一面牆作為孩子專屬的空間亦可。孩子學習和玩耍的物品要分開收納，不要混在一起。一般來說，小小孩會和父母一起睡覺，不用準備孩子的床也無妨，可以多出一些利用的空間。

想讓孩子們愛看書，就要打造適合閱讀的氣氛。

　　玩具和書在孩子的房間內要分開收納，原本放在房間外的書，要全部集中收在孩子的房間內。最近很流行附抽屜的兒童書桌，父母要是沒信心整理好孩子的房間，利用這類家具也能達到分門別類的整理效果。

　　將孩子的物品單純地放在收納盒裡是沒有意義的，特別是幼兒期孩子還不會把盒蓋蓋回去，父母必須幫忙這個時期的孩子整理，假如原本是用抽屜收納，最簡單的整理方式就是，拿出抽屜並倒出裡面的東西後，再重新整理放回。

父母若有心想養成孩子的閱讀習慣，就要營造閱讀氣氛，幫助孩子在玩耍時能專注；在學習時亦能專注。如果父母把玩具、書本和衣服混在一起，全部收進書櫃，孩子會有樣學樣，看書看到一半時就跑去玩玩具。

　　有時候，父母會在牆上貼一些圖，教孩子認識文字和英文，不過，那些圖在孩子入睡後就必須拿下來。在牆上貼東西時，要先想好日後該怎麼撕掉，如不事先考慮好，在裝潢好的牆面上隨便貼圖，日後勢必要花一番功夫才能撕下來。貼上漂亮的圖片雖然不錯，但維持整理好的狀態比漂亮更重要。

如何整理小學生的房間？

　　小學生的房間和學齡前的整理方式也不同，這兩個時期的孩子除了使用的物品不同之外，小學時期的孩子要讀書寫作業，營造孩子能靜下心讀書的氣氛很重要。如果孩子已經能和父母溝通，建議要和孩子事先商量整理房間的方式。某些孩子因為從小和父母分開，因移情而執著於某些安撫物，一定要抱著娃娃才能入眠。通常孩子長大後一定會經歷一次戒掉安撫物的時期，狀況嚴重時，孩子會因安撫物而不安。

我時常碰到媽媽們抱怨孩子抗拒丟東西，丟什麼都不行，其實我的孩子也有一樣的情況，遇到那種時候，媽媽要找出和孩子的妥協點，多少要替孩子做決定。小被子和娃娃是大部分孩子執著的東西，若只有一兩項物品，不妨就由他們去沒關係。孩子升上小學高年級還不願意丟掉小時候的玩具，那時父母就得出面干涉。整理孩子玩具時，丟掉部分玩具，其他放進收納箱也是方法之一，在某種程度上，得限制孩子能擁有的玩具數量。

・ 活用祕密箱子

假如孩子是國中生，則另當別論。這個時期的孩子正值敏感年齡，父母不能隨便丟他們的東西，就算是看起來沒用的一條繩子，他們也會視如珍寶。在孩子小時候，父母可以幫孩子準備一個祕密箱子。箱子裡收藏孩子在每個時期最寶貝的物品，對於那些物品，父母要持肯定態度，認可它們是孩子的一部分。祕密箱子不用特別依娃娃或玩具分類收納，只要孩子認為是祕密的物品，就請他們自己收到箱子裡珍藏。

下方是我三年前去一位委託人的家，其兩名兒子之間的對話。時隔三年，哪怕是該丟棄的東西，孩子充分地展現了對於物品的執著，是至今我仍印象深刻的原因。

「這個袋子裡是什麼?」哥哥問弟弟,弟弟嘻嘻笑著,偷偷摸摸地拿出了一個袋子。他捧著袋子的樣子,彷彿袋子裡放了什麼無價之寶。哥哥好奇地拿起了袋子。

「裡面是什麼,怎麼那麼重?」
「看好了,鏘鏘!」

弟弟打開袋子,拿起了一個粉紅色星星形狀的小橡皮擦,袋裡裝滿了形形色色的橡皮擦,看起來超過了一百個。

「這些是什麼?是玩具嗎?你到底幾歲了?」
「玩玩具跟年紀有什麼關係。哥,你看好了!」

弟弟拿起原本是一套四塊,一起放在綠色緞帶盒子中的其中一塊小橡皮擦。兩兄弟翻看著形形色色的橡皮擦,這時媽媽進來了:

「哎喲喂呀,這些橡皮擦怎麼還在?我丟掉那麼多,你什麼時候又收起來的?」
「媽媽,他有超多這種東西的啦!」

哥哥連忙打小報告，弟弟當作沒聽到媽媽的嘮叨，露出了死皮賴臉的笑容。媽媽不滿地說：

「嘖嘖，為什麼要收集這種沒用的東西？」
「嘿嘿，不覺得很可愛嗎？」

大家覺得這個弟弟幾歲呢？他現在已經是要準備大學入學考試的高三生了。弟弟重新把袋子束緊，收回抽屜，幸好家裡有空間收納那些橡皮擦，於是委託人睜一隻眼閉一隻眼，當成是孩子保存回憶的祕密袋子。

・整理書桌

很多時候，孩子的書桌上會堆滿教具、玩具和系列叢書等物品，事實上，**書桌上除了教科書，什麼都不能放**。父母養成孩子在書桌上只放教科書、筆記本和需要用到的書，維持書桌乾淨狀態的習慣很重要。

很多家庭的書桌或書櫃都呈現飽和狀態，主要原因是父母保留了孩子小時候的所有學習資料。不僅如此，孩子的畫作、作品和照片也都留著，擱置在家裡某一個角落，積了許多灰塵，最後還是被丟棄。請把回憶物品收進回憶箱裡保管，維

持書桌的整齊清潔吧！

· 整理文具

　　如果家裡有學齡兒童，那麼一定會有很多需要整理的文具，像是色鉛筆、簽字筆，或各種顏色的色紙、一大堆的橡皮擦，還有好幾根笛子等。如果加上跳繩，文具總數量更驚人。家裡之所有會有這麼多相同的文具，是因為東西用完沒放回原位，一時想不起來放在哪裡，只好又重買。

　　我家也一樣，孩子在幼稚園舉辦生日派對時，收到很多文具禮物。一天天過去，孩子的東西愈來愈多，後來我收到類似的禮物時，就會轉送給需要的人。

· 整理孩子的書

　　家裡只有一個孩子會看書，和有兩個孩子會看書的情形，完全不一樣。書本的整理方式是，把單行本收在書櫃最下方那格，擺放時，最好依照書本寬度和高度擺放；書櫃中間那格放系列套書，讓整體的視覺乾淨俐落；書櫃最上方那格適合放書本高度較低的書，會更整齊美觀。**此外，書籍一定要分類收納，童書和成人書不可以混放。**

首先，孩子的書全部收進其房間是最好的。不過，孩子桌上的書架只能放學習相關書籍，最多再放置一個筆筒，不可以把課外書籍塞滿桌上的書架，因為製造孩子能專注學習的氣氛很重要。

　　有很多父母不整理孩子的書，只把孩子小時候讀過的書全收進書櫃。事實上，孩子未來要讀的書無窮無盡，只需保留幾本就夠了。此外，要認清現實，那些覺得有朝一日孩子會看完，又或是認為看一本是一本而留下的系列叢書，其實孩子想都沒想過要看完它們。聽起來會有點刺耳，不過那只是父母個人的想法罷了。

· 放置桌上型電腦

　　若孩子學習時需要用到桌上型電腦，那麼父母就必須準備好並放在孩子房間。若孩子還小，另外準備一張電腦桌放電腦較好。如果是全家人共用的電腦，改放到主臥室亦可。

　　整理沒有正確答案，每個家庭的氣氛不同，居家格局也相異，生活在屋子裡的孩子性格也不同。父母只要以自己的家為基準，依樣整理孩子的房間即可。

03

〔客廳〕
是家人的共用空間，
不該放太多個人物品

客廳是一家人的共用空間，大部分的人提到客廳時，想到的畫面不是一個人獨自做事的地方，而是一家人齊聚一堂談天說笑，或是一起做事的地方。

各位家中的客廳是什麼模樣呢？有些家庭的客廳電視靠牆擺放，電視對面有沙發，有人躺在沙發上，也有人坐在地板上，所有的人專心看電視。也就是說，客廳變成了沒有聊天對話，所有人只盯著電視看的空間。

也有些家庭的客廳，像是倉庫般收藏著每間房間用不到的東西，衣櫃放在客廳，書櫃擺滿了雜亂的書籍，就連花盆也是隨便擺放，以至於家人們連坐的地方都沒有，客廳喪失了穩

定性。

客廳是一家人的交流空間，不應被當成個人的單獨空間使用。我們外出回家走進玄關時，應該要看到一個窗明几淨的客廳，不宜有陰暗感，因此不必要的家具請別放進客廳。

・分類收納客廳物品

分類是整理中重要的一環。由於客廳是一家人的共用空間，很多人不習慣分類收納客廳的共用物品，然而，即便是家人放在客廳的共用物品，也一樣要分門別類保管。可以將共同使用的物品放在客廳的某處，如此一來，便能減少翻找的頻率。另外，所有的共用空間，像是客廳、廚房、浴室和玄關等，都不要擺放個人物品。

在我認識的人中，大人把自己吃的藥放在客廳，結果被孩子吃了，幸好替孩子灌了水和牛奶之後，才將吞下的藥物吐出來。不知道是不是因為被催吐，昏昏欲睡的孩子睡著了。儘管危機狀況解除，但每次想起當時旳情景都令人心有餘悸。

有孩子的家庭，絕對不能把藥品或工具放在客廳，應該收到其他收納櫃；如果孩子經常需要吃藥，可以將藥放在廚房；

每天服用的藥物，像是維他命或健康食品，可以放在離飲水機近的地方；OK 繃和消毒藥等不常用的藥品，則另尋他處保管即可。

・當家中有孩子時

通常有孩子的家庭會把孩子的書櫃和好幾個玩具收納桶放在客廳，舉凡溜滑梯、學步機之類，收不進桶子的大體積玩具則堆放角落，占用空間。若把親子玩樂教具和書本連在一起，說不定長度足以繞整個家一圈。

倘若家裡空間允許，即便是小小孩，父母也要另外布置一間屬於他的房間。客廳只放孩子愛玩的玩具和適量書籍，然後清出一格電視櫃空間用來收納尿布即可。

此外，注意不要把多孔插座和電線等危險物品放在抽屜櫃裡。孩子很喜歡抓到東西就往嘴裡放，所以電視遙控器也要收好。與其阻止孩子亂翻亂摸，倒不如抽屜裡只收納安全的物品，讓孩子們盡情地拉開抽屜探索也無妨。

孩子長得很快，幼兒期很快就會過去。在此之前，兒童房可以用來收納親朋好友送的禮物、大型玩具，及大量的尿布

客廳要維持明亮寬敞的感覺。

和濕紙巾。客廳只需放置必要的物品，東西用完再補充即可。
不過，隨著孩子的發育，偶爾需要更替必需用品。

　　如果家裡沒有兒童房，孩子的東西只能收在客廳，也需
要分邊擺放。一邊的牆收納學習用品，另一邊的牆收納玩具，
書放在書的家，玩具放在玩具的家。若是暫時用不到書桌的小
小孩，可準備能折疊的和式桌。既然家裡空間不大，有可能沒
有餐桌，一家人是在客廳用餐，所以我們要盡可能掌握自己家
庭的情況，務必確保客廳的使用空間。

・當藏書眾多時

藏書眾多的家庭一定會有一些書是放在客廳。將書桌或書櫃擺進客廳之前，要先考慮能否和其他家具搭配，或是空出客廳的一面牆，裝潢成書架牆。假如書櫃無法直立放置，那就橫放，在橫放的書櫃上放裝飾品或收納盒，藉此創造新的收納空間。假如家裡空間太小，打算把客廳當成書房用，那就撤走電視，擺入大書桌，以營造適合學習的氣氛。

客廳必須讓人感覺明亮開闊，家人才會想待在客廳，舒服地度過悠閒時光。

04

〔廚房〕
流理台愈乾淨，愈好整理

整理時，從瓦斯爐開始

家庭主婦最關心的就是廚房和煮飯問題。首先，先觀察廚房格局，可以發現廚房大致分成上半部和下半部，至於動線方面，分成主要動線和輔助動線。當我們下廚做菜時，手能碰觸到的範圍皆屬主要動線。有些上方櫥櫃使用頻率高，而通常更高處的櫥櫃使用頻率偏低，因此我們在整理收納時，應將常用物品放在上方櫥櫃的下兩層，不常用的物品則收納在上層。

料理過程大致分成三個部分：備料、烹調和洗碗，以瓦斯爐為中心，範圍介於水槽到流理台，所以整理的時候，可以先從做料理的中心位置——瓦斯爐著手，這樣是最有效的。

整理家務和打掃有關，打掃又跟家人的健康直接相關。我們之所以要整理，是因為整理能讓打掃變得簡單。錯誤的整理方式會增加打掃工作的難度，而廚房是和食物有關的地方，更應保持整潔。東西放得少的流理台擦拭省力，反之，堆滿東西的流理台擦拭不易，哪怕明知流理台藏汙納垢，但因為怕麻煩，難免會睜一隻眼閉一隻眼。

建立好自己的收納體系後，努力維持，才能讓打掃更輕鬆省力。想長久維持良好收納體系的方法就是：每次吃飯只拿出符合家中人數的碗盤，並且在擦乾洗完的碗盤之後，立即收回流理台上方的收納櫃。另外，瓦斯爐附近最容易殘留油漬和食物汙漬，隨時適度清理，日後就不用費力清洗。

如何整理廚房用品？

· 整理流理台

舉凡微波爐、電鍋、原豆咖啡機、淨水機、打汁機、調理機等，都是家中流理台經常放置的物品。我們會放在流理台上的東西原本就多，再加上茶葉、保健食品、零食等各式各樣雜物，數量有時多到要整齊排列都很困難。在這些物品中，占據廚房收納空間最多的是保鮮盒。不只是保鮮盒，還有很多用

完卻捨不得丟的空瓶。

　　整理流理台的第一要務，就是要限制放在流理台上的物品量。流理台上只能放一兩項廚房必備用品，像是電鍋和微波爐，以確保流理台的料理空間夠寬敞。此外，廚房一定要方便清理，因此流理台和水槽上不能有東西。我個人建議流理台上不要掛料理用具，收起所有的用具，等到做菜時再拿出來，如此一來，才能方便我們隨時清理。

‧ 整理上方櫥櫃

　　把一家人吃飯會用到的碗盤，收納到水槽上方的櫥櫃中（或是容易拿取的地方）。吃完飯，把洗好的碗放在一旁的瀝水架上，事先要空出櫥櫃空間，瀝乾水的碗盤才能馬上收納回去。萬一櫥櫃的收納空間不足，碗盤就會一直被放在瀝水架上，下次就會直接拿放在瀝水架的碗盤使用，再加上有時需要使用碗盤時，也有可能順手拿他處的碗盤，造成混亂。若本人無法好好收納，再加上喜歡拖延洗碗，碗盤就會堆積如山。我見過一家五口人，碗盤和筷子、湯匙卻多達十到二十個的情形。

　　把家人會用的碗盤收納在上方櫥櫃，大盤子採直立收納，小盤子則疊起來就好。

> 碗盤要按用途和材質分類收納，
> 常用的碗盤要放在容易拿到的地方。

・整理收納櫃

占據廚房收納櫃最多空間的是保鮮盒。如果可以，盡可能購入同色同款的四角形保鮮盒，較能呈現整理後的統一感。不過，由於塑膠材質對人體有害，建議購買玻璃材質的保鮮盒。各位現在可以動手清理收納櫃裡的塑膠保鮮盒，只要利用手邊現有的保鮮盒，就不用額外購買冰箱專用的收納容器，有助減少廚房物品量。

每到春天，家中會多出吃完的大容量泡菜收納盒，不要堆在一旁，可拿出來活用，像是用來收納保鮮盒或五穀雜糧等。只要好好思考，聰明活用泡菜收納盒的方法非常多。（編按：此為韓國情況，讀者家中若有大型收納盒，亦可參考使用。）

有時，收納櫃中會有用不到的贈品或周邊、超量購買的食材、孩子的糖果、泡麵、即溶咖啡包、多出來的杯子套組和餐具組、冰箱收納盒、贈送的杯子，這些都會占用收納空間。

曾有一個委託人的家裡收集了很多免洗餐具。

「天啊，委託人，請看看這些木筷。」
「這裡有多少雙木筷？」

廚房是非常需要方便整理的空間，不論是流理台或水槽，都盡量不要放置東西較好。

「好像超過一百雙了。」

「我不知道有這麼多，全都是叫外賣留下的筷子……」

「我想也是。只要一養成囤積物品的習慣，物品數量就會多到超乎預期。」

我甚至另外找出了數十個沒在用的免洗餐具。

建議購買可清楚看到內容物的透明玻璃保鮮盒。

「我一直都和奶奶同住，看來不知不覺間沿襲了奶奶的習慣。奶奶生性節儉，不喜歡丟東西。」委託人一想起奶奶，很多東西都捨不得丟，本人也因為大量囤積的物品而吃驚。在我經手的無數委託案裡，因家裡角落堆積的物品數量而感到吃驚的委託人，也不在少數。

廚房內一定會用到的物品，請分門別類整理，並放置於收納櫃中。

囤積不用的物品，容易造成家具布滿灰塵或發霉，尤其廚房是料理的空間，更要小心。試著整理廚房中的囤積物品吧！寬敞的空間能刺激料理的欲望。

・整理瓦斯爐附近

因為做料理時隨時都要用到調味料，所以把調味料收納在瓦斯爐下方即可。有些人為求方便，會把調味料放在瓦斯爐旁，不過由於離火源近，會加快調味料的腐敗速度，必須小心為宜。

目前的家庭趨勢多以小家庭為主，用餐文化也變得不同於以往。招待許多客人到家裡用餐的情形，說不定一年不到一次，所以希望大家能審視家裡的碗盤、容器、廚房用品等，是否遠超過家中人數會用到的數量。

有效利用廚房中的各式收納櫃

・擴充下方櫥櫃

我們能拯救的廚房空間，就是水槽下方的櫥櫃。老式水槽下方管線複雜，所以無法設置層架，新式水槽下方幾乎沒有管線問題，如果能設置收納湯鍋、平底鍋、清潔用具、菜瓜布

等物品的層架會更好。由於水槽是水會經過，濕度高的地方，所以盡量不要收納調味料較好。

・**擴充上方櫥櫃**

雖然上方櫥櫃有分格，但每一格的空間太大。前文說過，水槽上方櫥櫃可放家人們會用到的碗盤。實際上，上方空間多偏大，如能打造分層空間，就能多出新的利用空間，以收納多餘的碗盤，也就是採用雙層分格收納法。

放在櫥櫃中的層架，不宜收納過重的物品。

因此，我們需要收納工具。如果打算重新裝潢家裡，或是搬家前先行委託我整理的委託人，我會請他們事先做好櫥櫃分層。不過，由於水槽櫥櫃層架的材質偏薄，因此不宜收納過重的物品。

More tips !
擴充廚房上方櫥櫃空間的方法

- ⊘ 善用收納用品，分區整理。
- ⊘ 利用收納用品，分出直立或水平收納空間，以便放更多物品。
- ⊘ 經常使用的碗盤要直立收納。
- ⊘ 形狀凹凸的碗放在上方，扁平狀的盤子放在下方。

・ 寶特瓶可變身收納盒

廚房物品雖多，但已經找不到東西可丟時，就需要收納技巧。收納不是把物品一一攤開擺放，而是兩三個物品疊在一起，以及利用寶特瓶之類的東西，輔助收納。廚房紙巾、衛生紙和錫箔紙等常使用的物品可收入抽屜。

茶包或藥品之類的小包裝物品，如果沒有先決定好收納

位置，拿出後再放回去就可能會變亂。按物品高度剪裁不用的寶特瓶，即可用來收納，整齊又方便取用。此外，也可把常見的水果盒作為塑膠袋收納盒使用。

寶特瓶剪去上半部，可用來收納物品。

製作塑膠袋收納盒的方法

1 準備塑膠水果盒和濕紙巾蓋。

2 用噴膠槍把濕紙巾蓋黏合在塑膠水果盒的中央。

3 用刀子割開濕紙巾蓋下方的塑膠水果盒部分。

4 完成！

05

〔冰箱〕
打開後要一目了然，
才會順手好用

當食物種類變多，就需要空間來收納，因此大容量冰箱成為主流趨勢。不過，該怎麼整理較好呢？

・清理冰箱內部

要整理冰箱，當然得拿出冰箱內所有的物品。淨空後的冰箱內部會有不少髒汙，清理時，冰箱膠條也要取下來。至於如何徹底地清理冰箱？以 1：1：1 的比例混合小蘇打粉、食醋和水，用混合後的液體擦拭冰箱上方和冰箱門。由於冰箱直接關係到人的健康，要比其他地方更仔細清潔。

・整理冰箱的上半部

冰箱也分上下空間，要想清楚每一層的使用方式後再放

入物品。有重量的長期儲存類食材放在最下方，最上層的高度由於高於眼睛視線，所以要放方便拿取，重量較輕的物品。第二層和第三層與眼睛視線高度一致，所以放經常食用的食材。雖說如此，因為每家的冰箱構造各不相同，冰箱內層之間的間距也不同，必須配合家中冰箱進行整理。

冰箱門旁放雞蛋和飲料，因為門旁沒有隔板，所以用細長的籃子來存放飲料和酒，以防止物品翻倒。

雖然我們可以利用冰箱本身的隔層整理，但也可以自行增加收納籃。在冰箱原本設計好的隔層裡再放入籃子，作為抽屜使用，不僅方便，打開冰箱時也能一眼看見各物品的位置。

如果想讓冰箱看起來更整潔，可以利用冰箱整理盒。最近有不少家庭不只擁有一台冰箱，但冰箱體積龐大，不要盲目購買，要配合家中空間進行選擇。

習慣把面膜和保養品收在冰箱的人，得替保養品準備一個區域；相較於飲料，藥品和調味料的體積較小，所以可以活用外代咖啡杯架或寶特瓶，把小調味料罐放在裡面，好處是不會打翻且方便整理。**「方便」是整理冰箱和廚房的關鍵。**

沉重的物品放在下層，輕盈的物品放在上層。

製作冰箱用天然清潔劑

1. 以 1：1：1 的比例稀釋小蘇打粉、食醋和水。
2. 把混合好的液體放入噴霧器，噴灑在冰箱四處即可。

・保存冰箱食物的重點

我曾遇過要花很長時間整理冰箱和廚房的家庭。這是那位委託人向我介紹廚房時說的話：「家中其他地方，我大多能自己整理，但實在不知道該如何處理冰箱。」

我打開冷凍室的門，為了拿出最上方的一袋東西，冰箱裡結凍的物品唰地掉落，差點砸到我的腳。冷凍室裡塞滿了用塑膠袋包好的肉和魚等各種食材，而冷凍室另一側堆著數十個小收納盒。我打開一看，委託人似乎把吃剩的小菜整個冰起來了。雖說冰箱能長久保存食物，不過放得太久，食物不可能還新鮮。不能過度相信冰箱，因此把食物保存在冰箱時，要確保收納盒是否密閉，或塑膠袋是否緊密。

冰箱最好只放七成滿。就結論而言，食物放進冰箱，一

定會變不好吃，但人們卻喜歡無條件把食物收進冰箱，以至於冷藏和冷凍都塞滿了不吃的食物，冰箱滿到快爆炸。

　　自從我從事整理這一行後，我意識到盡量不要把食物放入冰箱，買當天要吃或要做的食物量就夠了。從今天起，大家在逛市場時，一定要把預備採買的物品和分量寫在紙上，避免冰箱被塞滿，才能輕鬆整理。

How to
這樣做，冰箱乾淨無異味！

- ⊘ 先處理常溫下容易腐壞的冷凍室食材。
- ⊘ 拿出所有冷凍室的食材，區分出要丟和要留下的。
- ⊘ 冰箱內的食物汙漬容易繁殖細菌，要經常擦拭。
- ⊘ 用棉花棒擦拭抹布擦不到的冰箱膠條縫隙。
- ⊘ 用一眼能看清楚內容物的透明容器收納小菜。
- ⊘ 把經常吃的小菜放到托盤上，方便取出。
- ⊘ 利用空牛奶盒收納調味料，能防止翻倒。
- ⊘ 用透明容器收納不易區分的五穀類食材，並且貼上內容物標籤。
- ⊘ 吃過的大片紫菜可放入透明文件盒，方便密封且不易腐壞或掉屑。
- ⊘ 如果家中有超過一台以上的冰箱，要區分每台冰箱的用途。

06

〔書房〕
按書種分類擺放，
並淘汰不看的舊書

· **整理書籍**

　　書是書房內最重要的物品。在著手整理書之前，要先決定好類別。整理書也需要耗費很多時間，加上有時會出現一些莫名的文件，因此整理書時，建議先依急需使用、要保管的和要丟掉的來分類。

　　在決定好每個書櫃的主要收納類別後，把同類型的書放在一起。若是書籍量大但又不想丟書，在收納時，把書的前緣往前對齊擺放，這樣書的後方會產生大片空間，有助增加書本收納數量，或在擺放好的書本上方放置籃子，也是一個不錯的方法。

整理書籍和整理其他物品的不同之處在於，我們無須把書全部拿出來後再整理，這樣做太累了。只需依照書籍封面進行分類，再分成套書、單行本、成人書和童書，在書櫃上直接分類較好。

果敢扔掉大學時的專業書籍吧！超過二十年都沒看過的書，不可能會有重看的一天，且在這段時間裡，早已出版許多新理論的書籍。此外，重要文件和保險證券等，可集中收納在書櫃某一格。

相本也是書的一種，由於偶爾會和家人一起翻看，也可一起收進書櫃。有些家庭沒有多餘空間收納相本，於是把相本放在陽台，結果濕氣毀損了相本。如果真的沒有空間，那就把相本收進箱子內，說不定哪一天會想拿出來看。

書房裡只放需要的物品，如果無止盡地堆積，會破壞空間的秩序。請記住，整理是只留下自己感到珍貴的必需品。

> 避免把所有書籍都拿出書櫃整理，
> 這樣的方式較容易疲累。

·　創造屬於先生的空間

書房是最適合創造先生專屬空間的地方，像是書、電腦、獎牌或高爾夫球桿等各種男性物品，都可放到書房。假如書房有壁櫥，可連先生的衣服也一併放入。一般單薪家庭多由男性負責賺錢，所以每天一大早就得出門，這樣做更能方便男性們準備上班。

書房裡的書櫃裡只放書，且只需要書桌抽屜作為唯一的收納空間。

·　打造休閒興趣的空間

建議按照家人們的休閒興趣種類，將休閒用品收入書房內。在我經手的一個委託案中，有一個喜愛樂高積木的家庭。那個家庭的書房裡放滿了迷你積木（迷你樂高一個約 5mm 到 8mm 高，從各種動畫角色到著名的建築物，可以組合成形形色色的樂高模型）。

「家裡模型太多沒處放，可是先生還是買不停。」

「一定很難整理吧。」

「他說自己會整理，但即使整理還是很容易積灰塵。我們本來有很多相框，先生把相框全收起來，說要留空間展示這

些樂高模型。客廳的電視櫃也擺滿了。」

「稍微整理後，好像就能產生新的空間……」

「他說這是花小錢的興趣，下班後吃完飯，就一頭栽進書房不出來。最近他會和孩子們一起組樂高，我有種被排擠的感覺。」

「先生有自己的興趣很好，不過模型量確實太多了。」

「我在想怎麼做才好。」

如果有家人產生了新的興趣，為了因應對方的需求，替他準備新的空間，相對地，就得對其他物品進行減量淘汰。前文提到的先生和孩子，皆因休閒興趣獲得滿足感，所以挪出書櫃空間收納樂高積木。由於書櫃不僅可以配合家庭氣氛擺放書籍，也可以視為裝潢的一部分，因此我們在購入書櫃時，必須把住家天花板高度也納入考量。

除此之外，也有不少家庭會把獎盃或照片等物品陳列在書櫃內，若是如此，購入書櫃時就要考慮顏色和大小。

07

〔玄關〕
是家的門面，
最忌鞋子散落一地

臉是人們最在意，且是每天清洗頻率最高的部位，更是人與人見面時第一個看的重點。同理，玄關是客人來訪時最先看到的門面，所以必須要乾淨整齊。假如客人打開玄關門，第一眼便看見雜亂無章的鞋子，客人對那個家的第一印象就是凌亂不堪。

・玄關的空間設計

有些家庭會在玄關擺放穿鞋長椅，兼具穿鞋和裝潢的效用，然而居家空間要夠大，這種裝潢設計才有效果。假如空間不夠大，擺放穿鞋長椅反而會妨礙空間的使用度，因為沒有空間收納鞋子，反而使鞋子混亂堆放。

此外，也有些家庭會在玄關布置花盆，用來點綴，然而當玄關空間有限時，花盆容易縮減使用空間，影響室內動線。遇到這種情形時，應將花盆移往他處。再者，玄關沒有充足光照，不宜擺放花盆。

人們不常在玄關裝設鏡子，不過以居家風水觀點來說，玄關是外面的氣和家裡的氣初次交會的地方。在玄關裝設鏡子能讓我們在出門前整理服裝儀容，確認自己的狀態，且能反射進入家裡的好氣運。

一般人普遍認為玄關是狹隘的空間，不過藉由整理，就能打造出更加乾淨寬敞的玄關。

· 整理鞋子

整理玄關時，鞋子是首要之務。衣服和鞋子占了個人物品數量的最大宗，而鞋櫃是占用玄關最大空間的家具。鞋櫃主要用來收納鞋子，也可以放置雨傘和跳繩之類的運動用品。

此外，鞋子也要分季節。過季的夏天玩水專用鞋、一年只穿一兩次的傳統鞋，和只穿了幾次的鞋子，另外收納為佳。就算只收起一雙不常穿的鞋，也能創造出新的收納空間。

占空間的靴子請另找地方，或用透明的鞋盒收納保管。最簡單的靴類收納方法是，不要丟掉購買時附贈的靴盒，不穿時就放回保管。

有用過 Z 字形鞋架的人就知道，其實並不好用。放在鞋架內側的鞋子不便拿取，導致穿的機會變少。有些女性會把年輕時穿過的高跟鞋放在鞋櫃，再加上現代人注重健康，特別愛買登山用品、登山鞋和慢跑鞋等，當這些鞋子都在鞋櫃內時，易造成鞋櫃大爆滿。

在此浮現的問題就是：家人們對於自己擁有多少物品，一無所知。所以即使空間不足，人家也不會想減少物品量，一找不到想穿的鞋就立刻購入新鞋，買來穿過一兩次後，到了換季又塞回鞋櫃。就這樣，鞋子數量呈等倍數增加。

有些家庭會設計展示愛鞋和愛衣的空間，如同明星一般。假如是不常穿，相對乾淨的鞋子倒是無妨，但若是常穿的鞋子，還是得收在玄關。藝人之所以能如同展示般收納鞋子，是因為他們的鞋子大部分是在舞台上穿的，相對乾淨。

此外，收納鞋子時，比起把每一格鞋櫃都塞滿，保留一

格空間會更好，這樣才能收納新鞋和來訪客人的鞋子。整理鞋子的訣竅和其他收納整理術大同小異，按季節和鞋子主人分類後，再配合主人的身高及視線高度收納即可。孩子的鞋子小，可以直立收納，或直立放入外帶咖啡杯架及收納籃中。

先按鞋子主人區分，接著再按鞋子款式分類，分出運動鞋、短靴、高跟鞋和登山鞋等。整理鞋櫃最棘手的問題就是媽媽和孩子的鞋子，因為媽媽的鞋子太多，而孩子的鞋子尺寸不合鞋櫃大小，整理難度較高。

請淘汰去年常穿但今年不太穿的鞋子、穿起來不舒服的鞋子，和不適合本人風格的鞋子吧！此外，收納靴子時，為防止變形走樣，可以把礦泉水瓶或報紙塞進靴筒內。

整理時要重新思考家中人數和善用空間的方法，個人鞋子的數量需配合鞋櫃容量。有些人會對自己占據鞋櫃一半以上的空間視為理所當然，但如果不是一個人住，就必須把一起生活的人列入考量，調整個人鞋子數量。

利用收納籃、購物袋、箱子、牛奶盒或外帶咖啡杯架等，都是不錯的收納方式。如果都不可行，那就把鞋子收進透明鞋

盒，到了該穿的季節再拿出來。不常穿但捨不得丟的乾淨鞋子，放在更衣室陳列收納也不錯。

迄今為止，我曾對某雙鞋子的印象極為深刻。那是一雙有緞帶、象牙色鞋頭，一看就很有年分的舊鞋。那次是一位女

如能善加利用鞋櫃上方空間，就能收納更多東西。

兒委託我整理獨居父親的住處，我在整理衣櫃時，發現收藏在箱子裡的那雙鞋。

「那雙鞋不能丟。」
「看起來是雙有故事的鞋呢！」

「是我過世妻子的鞋。那時候我有點年紀了，而她才正值青春年華，是我買給她的。我們經熟人介紹認識，約了好幾次會，她每次都穿運動鞋。當然，情人眼裡出西施，她穿什麼都好看，我卻想把她打扮得更漂亮。當年，我媽含辛茹苦地養大我，我沒看我媽穿過像樣的鞋子。等我長大開始賺錢，我用第一份薪水買了一雙皮鞋送給我媽。可惜我媽那時年紀已經大了，穿不了皮鞋，結果只穿了一兩次。不過她每天都會擦那雙皮鞋。我醒悟人到了某個年紀，哪怕想打扮得漂漂亮亮出門，也會心有餘而力不足。所以我認識妻子之後，送她的第一份生日禮物就是這雙鞋。雖然妻子沒有多少雙鞋，但後來她不管去哪裡都會穿這雙鞋。」

因為珍貴的回憶，我明白那位父親為什麼會把鞋子珍藏在衣櫃裡。如此珍貴的鞋，值得我費心打造一個擺放的地方。實際上，我在工作的時候，時常會遇到委託人沒把鞋子收在鞋

櫃，而是放在衣櫃或房間內的情形。

　　一般而言，鞋子應該放在大門入口的玄關，卻也有如上述的例外情形。這位父親的故事讓我想起了我的家人。家是我們和家人一起生活的地方，在家裡要能感受到我們對家人的愛和關懷。

08

〔浴室〕
活用收納櫃，
避免在地板放置物品

在一般人的認知中，浴室物品不多，但若真著手整理，數量往往出乎預料。假如浴室收納櫃足以收納身體清潔備用品、美髮用品或毛巾等，那就無妨。最近，浴室已不流行設置掛牆式鏡櫃，改放洗臉盆櫃是趨勢，但這種趨勢隱約增加了整理的困難度。

・整理浴室用品

浴室基本用品包含了洗髮精、潤絲精、護髮乳、洗面乳、刮鬍刀、吹風機和孩子的洗澡用品，由於家人都有個人慣用的品牌，所以整理浴室用品的第一步，是先區分全家人的共用物品和個人物品。

清潔和通風是整理浴室的兩大要點。濕氣會造成浴室水垢霉苔滋生，特別是磁磚縫隙處是黴菌和細菌的溫床，放任不理，久了就會產生臭味。為了防止上述情形發生，浴室只擺放現在正在使用的物品，即便是洗髮精和沐浴乳也一樣。

・清潔浴室地面

浴室濕氣重，建議地板不要放東西，並盡可能減少浴室收納櫃裡的物品數量。隨時打開浴室門通風，也能減少濕氣。此外，打掃浴室時得徹底去汙除霉。

浴室是一家人的共用空間，使用完若未清理，會使接序使用的家人不便。浴室是濕氣最重，也是整理最需費心的地方。除了垃圾桶和浴室刷之外，盡量不擺放其他物品，隨時保持浴室整潔最重要。

我們時常耳聞在濕滑浴室跌倒並就醫的事故消息。我朋友的母親曾因家裡浴缸太滑而摔倒，以致長期住院治療。那次是因為朋友帶著孩子們去奶奶家玩，孩子們弄得浴室都是洗髮精，不知情的奶奶進入浴室便不慎滑倒，導致大腿受傷。因那次受傷讓朋友母親行動不便，加上歲數已高，復原速度緩慢，即便經過長時間住院，她的身體狀況也無法恢復如常。

浴室的主要作用是洗去一天的疲憊，洗滌身心。光洗熱水澡不足以緩解一整天的疲勞，假如有浴缸可以放滿熱水，不妨享受一次奢侈的泡泡浴。當然，泡澡後還是要沖乾淨泡沫。

　　「今天也辛苦了，你非常努力。你是最棒的。」父母替孩子洗澡時，記得給孩子足夠的讚美，對自己也一樣。在充滿香氣又乾淨的浴室裡洗一個悠閒的澡，有療癒身心的功效。

09

〔陽台〕
只能放不怕潮濕的物品，
而非用來堆雜物

　　決定好哪些物品該放進家裡，再放入該放的物品，是最佳的整理方法。如果實在不可行，把放不下的東西和過季用品移至陽台，則是次佳的整理法。

· 整理陽台物品

　　大部分的陽台物品都是用不到的東西，並且隨著時間流逝，那些物品逐漸變得用途不明。陽台有著明確的用途，且陽台物品要依循季節變換，運行有進有出的循環機制。陽台一旦囤積過多物品，會造成真正需要收納的物品無處安置。當時序漸漸入冬時，有些家庭的客廳仍放著派不上用場的電風扇。

　　很久以前曾有一起委託案，我記得當時正值夏日，我一

到達委託人的住處就看見在陽台玩得正開心的孩子。父母似乎在陽台為孩子布置了一個玩樂區，委託人告訴我陽台沒有危險物品，豈料沒過多久，陽台傳來孩子的哭聲。我們緊張地跑過去，發現孩子被舊棉被蒙住了頭。委託人連忙安慰孩子，孩子一停止哭泣，又跑回舊棉被堆裡玩耍。

「那些舊棉被放多久了？」

「搬家的時候放的，大概四年了吧？」

「四年的時間說不定棉被已經因濕氣發霉，不要讓孩子在裡面玩比較好。」

「真的嗎？我沒有想過棉被會發霉。我都會把棉被收在箱子裡保持乾淨。」

陽台由於濕氣重，不適合放棉被、衣物或包包等物品。在我們預想不到的地方使用了錯誤的收納方式，也許會招致不幸，更甚者，會危及家人們的健康，令孩子暴露在危險的環境中。不過，由於陽台主要收納每個房間用不到的東西，所以整理時的確有其曖昧模糊之處。無論各位怎麼整理陽台都無妨，但請記住，**大部分收在陽台的物品，大多是要丟棄的。**

・陽台也要按用途整理

近來房子的格局設計喜歡擴增陽台數量，以增加居家收納空間，像是和室內空間相連的前陽台和廚房陽台。不同的陽台按個人用途分類整理，把陽台打造成和相連空間有關的區域較好。

舉例來說，和廚房相連的陽台一般會放置洗衣機和泡菜冰箱（編按：此為韓國情形，但台灣也有些家庭會放置冷凍櫃），而和主臥室相連的陽台會放夫妻的物品。如此一來，住在屋子的人才能輕鬆找到自己想要的東西，用起來也方便。

・整理陽台收納櫃

人們愛用系統櫃或大間距掛牆式層板架，作為陽台的收納方式，而增加層板能創造更多的收納空間。重的東西擺在下方，輕的東西則在上方，這是收納的基本原則。有許多家庭會將搬家時搬家公司打包好的行李，原封不動地放在陽台，等到要動手整理時才發現，物品已經受到濕氣的侵襲或積灰嚴重。這也是為什麼需要換季整理，讓陽台收納櫃的物品維持循環機制的原因。

明確界定每個陽台的用途，可以減少收納的困擾。雖說

陽台是收納雜物的地方，但不要隨便把當下用不到的東西放到陽台。我在前文提過，陽台物品極有可能會被丟棄，因此各位要慎重考慮保存物品的方法——不要隨意擺放物品，也不要讓物品面臨被放到陽台，最終被丟棄的命運。

陽台主要保存不怕潮濕，也不怕積灰的物品，
例如：夏季泳圈、滑雪用品、旅行箱等。

Part four

原本痛苦的人生，
因整理而好轉了！

01

有孩子後，
家變得很難維持整齊

李明珠 ‧33 歲／忙於育兒故無法整理家的媽媽

　　明珠婚前的興趣是收拾整理，這幾年來她卻因育兒，臉上寫滿了疲倦。在孩子出生之前，明珠會把家裡整理得像是雜誌上會出現的夢幻樣品屋，而明珠盤算未來計畫時，抱著生了孩子後也不能偷懶的想法，打算趁孩子睡覺後閱讀自我啟發相關書籍。

　　「我以前不理解生了孩子的朋友說的話。她們說有孩子後，不要說洗澡，就連上廁所也不能安心。我心想孩子睡覺時可以上，或是孩子自己玩時也可以，原來現實並非我想的那樣。孩子的聽力好像非常敏銳，一點風吹草動就能驚醒。而睡眠不足的我，在孩子睡著時也會不小心跟著睡著。」

明珠家中客廳的一面牆擺滿了童書，窗戶旁放了孩子的玩具和一輛大型玩具汽車。客廳和廚房相連的地方放了溜滑梯，連電視櫃和沙發上也都是孩子的物品。

廚房水槽上方的櫥櫃，則放滿孩子的藥品和零食。餐桌上擺著沒能收納好的孩子物品和水果等。打開明珠家的冰箱，在冷藏室和冷凍室會看到一盒盒沒吃完的食物。

「冰箱的食物都有在吃嗎？」

「有孩子以後沒空做菜，所以我會一次多做一些，吃不完就放冰箱，再找時間吃完。這樣說來，冰箱裡有很多食物都放了很久。」

明珠家裡有三台冰箱，泡菜冰箱裡擺滿婆家和娘家送來的泡菜或小菜。其中一台冰箱專放孩子吃的有機農產品，而冰箱一角則放了許多化妝品。

明珠表示，冰箱會囤積大量泡菜是因為不好拒絕婆家和娘家送來的泡菜，只好照單全收。泡菜放太久會產生怪味，丟掉又嫌可惜，索性放著不管。

因為孩子的關係，明珠兩夫妻在主臥室鋪了地墊，但早上起床後，卻沒恢復原樣。梳妝台和衣櫃已積灰，臥室一角放了空氣清淨機。梳妝台旁邊的空間和家裡其他地方一樣，堆滿孩子的東西。此外，家裡有一間房間已經淪為倉庫，沒收好的衣服任意掛放在衣架上，還有許多親朋好友送給孩子的禮物和玩具，有的甚至連包裝都沒拆。主臥室房門右側堆著網購的成箱礦泉水。

　　「兩家長輩很疼愛第一個孫子，一天到晚送東西來。」明珠說孩子長大了，想利用孩子上幼稚園的空檔，像以前一樣整理家。明珠原本就是家務高手，所以那次的整理進行得相當順利。

　　「孩子已經大了，要另外準備一間孩子的房間，父母幫助孩子在自己的房間裡生活很重要。」我如此說著。

　　明珠家的牆壁到處都是孩子的塗鴉，所以我決定先重新裱糊牆壁後再整理物品。幾天後，我把原本遍布明珠家中角落的孩子物品集合在一起，多到幾乎塞滿了客廳。「我沒想到有這麼多孩子的東西。」明珠說著。

我在孩子房裡放了衣櫃和床，用衣架掛好孩子的衣服，讓孩子更容易找到。書櫃裡主要放孩子常看的書，其他原本被放在客廳的書，則放進書房多出的書櫃空間。此外，我在冰箱裡也翻出了不少已久放的食材。

　　「以後我也要果敢一點，媽媽要給食物時，請她不要再給了，或跟她說家裡還有剩，下次再給。」

　　明珠受到雙方長輩的喜愛，再加上個性不擅拒絕他人，所以即便家裡的東西已經很多，也會無條件地收下長輩們送來的東西。在我到府整理之後，廚房變成明珠最喜歡的地方。我在櫥櫃的一角創造了空間，放了明珠喜歡的書和筆記本。

　　「這裡讓我想起婚前生活。我可以在這裡看書，度過一個人的時光。」明珠非常滿足晚上孩子入睡後，能和老公坐在客廳，一起追劇及吃水果，結束一天的時間。孩子也養成幼稚園放學回家後，自己回房間換衣服，並專心做想做的事。

　　明珠最高興的莫過於，孩子養成玩具從哪裡拿出來，就要收回原位的習慣，以前總是明珠在收拾爛攤子。在我整理過後，孩子不再那麼容易把家裡弄亂。在明珠和孩子一起學習或

玩耍後，會一起挑出以後用不到的物品，創造新物品的收納空間。明珠帶著孩子，把寫好新物品收納空間的標籤貼在衣架上，變成了另類的親子遊戲。

明珠婚前本來就以愛乾淨出名，當她知道了維持整理後狀態的祕訣，養成物歸原位的習慣後，家裡少了隨意亂放的物品，連帶整理也變得簡單。比起這些，明珠說身為一名母親，教會孩子維持整潔環境的習慣，是她最自豪的事情。

02

因減肥導致憂鬱症，
對家務也提不起勁

李荷娜　·35 歲／屢次減肥都失敗，而罹患憂鬱症的單身女性

「說真的，我以前對整理一點興趣都沒有，但現在不想
再活得那麼隨便。」

如荷娜所言，過去的她和整理八竿子打不著關係。她已
經不是單純地不擅長整理，而是家裡亂到可怕，永遠找不到自
己想找的東西，只能買新的來用。經我整理，荷娜家出現超過
一百雙的絲襪。當我在她的衣櫃後方找到全新未拆封的絲襪
時，她的表情彷彿目擊了某個超衝擊畫面。

「這些東西為什麼會在這裡？」沒拆封的新絲襪為什麼
會跑到衣櫃後方？真是一個謎。或許是先掉到地上卻因超量的
物品，才慢慢地被擠到衣櫃後方吧！除此之外，沒有其他合理

的解釋了。然而，荷娜家的謎樣事件不僅如此。我在水槽下方的櫥櫃內還找到了內搭褲。

「大概是我喝醉，誤把這裡當成衣櫃吧。」

荷娜的臉微微發紅，她身高一百六十五公分，體重七十公斤，偏豐潤感的身材。她說自己試了全世界所有的減肥瘦身法，經過無比艱辛的努力後才減肥成功，但終究抵不過溜溜球效應，體重反彈回升，甚至比原來的體重還要重。體重在胖胖瘦瘦之間徘徊，所以她無法只買同一尺碼的衣服，而她家裡的衣物尺碼彷彿在證明她所言不虛，從 S 號到 L 號一應俱全。

「我的減肥人生大概長達二十年以上，不過真正苗條的時間卻寥寥可數。合計起來，大概只占了二十年歲月中的一兩個月吧？減肥實在太累人，我又老是復胖。我自問肥胖是罪嗎？減肥都是因為當今社會把女性身體商品化。我實在太厭惡體重帶來的挫折感，還刻意去聽一些心理學或社會學講座，希望能抬頭挺胸地生活。可惜事與願違，我覺得自己一定哪裡出了問題，憂鬱症也變得愈來愈嚴重。」

荷娜有過離職後，三個月足不出戶的經驗，而荷娜的家

也逐漸變亂。荷娜的姐姐因擔心妹妹，來到荷娜家。當她見到荷娜的生活景象，眼淚瞬間奪眶而出。

「姐姐哭的樣子，讓我受到了很大的衝擊。姐姐以前非常樂觀開朗，過去的她永遠在替我加油打氣，看到我減肥反而會替我擔心。像那樣處處替我著想的姐姐，卻在我家無處可坐，只能坐在堆滿垃圾的地板大哭，我看了真的非常傷心。」

委託我到府整理的也是荷娜的姐姐。後來荷娜告訴我，當時的她處於人生自暴自棄的狀態，根本不認為整理能帶來任何變化，與其說她覺得家裡需要整理，其實更大部分是為了傷心的姐姐，她覺得不能再這樣下去。

當我正式著手整理，立刻發現荷娜家最大的問題根源就是衣服。現在的她穿的是 L 號，但衣櫃卻掛滿了 S 號的衣服，還有很多買來沒穿過的新衣。相反地，她現在穿的衣服卻亂丟在地上，或是用衣架掛在能掛的地方。不管怎麼看，那些衣服都不像被主人愛惜的衣服。看到堆得像小山般高的衣服，荷娜苦澀地笑了。

「我看著那些衣服，下定決心要減肥成功穿上它們，終

究還是一場空。」

荷娜缺乏「活在現實的當下」，一心期盼「總有一天會減肥成功」的空泛未來。我邊和她分享整理的話題，邊請她果敢地把現在會穿的衣服掛回衣櫃。

其實丟衣服是個大工程，尤其是像荷娜這樣，要她丟掉懷抱有朝一日成功減重的希望而買下的衣服，更是不容易。

「丟掉這些衣服就好像承認我的人生很失敗。」

我充分理解她的心情。面對理想和現實的嚴重落差，人人都會失落。我知道她不擅長丟東西，於是改問她：「只留下幾套，以備將來不時之需怎麼樣？」

她想了想搖頭答：「如果留有迷戀，以後好像會更難丟。」

我非常吃驚。對整理不感興趣，減肥也不成功，使我誤把荷娜歸類成意志薄弱的人。單憑一些表面特質就把人歸類是我的錯，原來荷娜比誰都渴望改變。

我光是整理衣服就花費大半天，但光是如此，便足以讓房子出現驚人的變化。接著，我正式開始整理廚房、玄關、客廳、浴室和陽台。丟掉的東西數量多到難以相信是出自一間十五坪大的房子。

在所有的整理工作結束後，荷娜楞看著猶如三十坪大的房子才有的寬敞客廳，喃喃自語說：「我過去為什麼會活成那樣……」

她沒把話說完。而在那之後，荷娜搜尋網路和書裡傳授的整理訣竅，一開始較生疏，後來藉由整理，荷娜找回「對自己的信任」與「自信」。荷娜有了對自己的信任後，終於敢踏出步伐，走出家門，重返職場。與此同時，她也參加了有共同興趣的團體，和朋友見面，並且重啟減肥計畫。這一次，她制定了明確的目標——一個月內減三公斤。她確實辦到了。之後六個月內，她的體重持續改變，穿上比原先身材小的 M 號衣服，扔掉衣櫃裡所有 L 號的衣服。

「我現在只會放需要的東西在家裡，不需要的則送人或丟棄。哪怕囤積一點點的東西，我都會受不了。我作夢也沒想到我會變成這種人，世事真難料。」

這種話竟然從自己口中說出來，荷娜覺得非常神奇，大笑起來。那是充滿感染力的笑容，能讓看到的人也跟著笑起來。荷娜拋開了物品，獲得了自信。

03

把收藏品看得比家庭重要，
婚姻面臨危機

李鍾學 ·41 歲／正處於離婚危機中，育有二子的爸爸

「機器人」是我對鍾學的第一印象。那是源於鍾學談話時不帶情緒的聲音，宛如是冰冷的機器人。已滿四十歲的他正經歷一場人生風暴——與一年前分居的妻子離婚在即。

鍾學是一個「收集狂」，熱愛收集各式各樣的東西，像是樂高、公仔，還有各種手工藝品。熱愛收集不是問題，問題是他的收集範圍太廣了。他不是熱衷於某個特定領域，借用他的說法，他有著「失心瘋」的收集癖。

「我從小就是這種性格。以前收集郵票、畫片（編按：韓國的傳統遊戲之一，玩法類似台灣的尪仔鏢）和瓶蓋，長大後則收集遊戲產品和一些雜七雜八的稀有物品。我喜歡的是收

集東西的感覺。」

雖然不知道他本人是否開心，不過太太和兩個孩子每次看到他增加的收藏品，都很痛苦。居家生活空間變狹窄是其次，妻兒皆看不慣收集上癮的他，這也正是夫妻大吵的主因。

「有一次我把孩子的補習費拿去買我想買的東西……，太太心灰意冷。我那時候應該是腦袋進水了吧。」

委託人是鍾學的母親。當兒媳婦提出分居，還帶著兩個孫子離家時，鍾學母親非常埋怨兒媳婦。當她去鍾學家看了幾次後，也不禁咋舌。只要看過鍾學家的人，都能理解兒媳婦何以忍不下去。

鍾學母親說服兒子，先丟光鍾學認為的雜物，但終究改不了兒子的收集癖。在偶然的機會下，鍾學母親某天收看晨間節目，豎耳傾聽我介紹的整理方式。她用抓住最後一根稻草的心情聯絡我，表示不擇手段都想拯救將成為離婚男人的兒子。

如果是平常，鍾學會把母親的話當耳邊風，但這次母親苦苦請求鍾學接受專家的幫助，他不得不點頭答應。但前提

是，我不能動他的收藏品。聽完鍾學的敘述，我慢慢了解為什麼第一次進行整理諮商時，他的反應會如此平淡。

「這些收藏品有什麼意義？」
「是我的全部。除此之外，我一無所有。」

他說完便閉口不談，很明顯地，他不願對素昧平生的我吐露更多家務事。我深怕觸及他的傷心處，小心翼翼地發問：

「你想把這個家打造成什麼樣的家呢？」
「我想打造成什麼樣的家嘛⋯⋯」

他驚訝地看著我，有生以來第一次被問這種問題。

「幸福舒適的家⋯⋯，一家人一起住的家⋯⋯，不過這有可能嗎？好像太遲了。」

他轉頭看著冷清的家，深深嘆息。自從鍾學妻子帶著兩個兒子離家之後，收藏品成了鍾學的所有。然而，他親手收集來的東西卻每天都在折磨他。他懷念兒子們的吵吵鬧鬧、懷念一家人坐在餐桌前吃飯的光景，甚至連太太嘮叨「脫掉的襪子

要翻到正面」都懷念。

「等您決定好什麼事情對您才是最重要的，再聯絡我。如果您希望我以收藏品為重心整理，我會照辦；如果您希望我以一家人的生活空間為主，我也會照做。我會等您做好決定。」

第一天我直接離開了鍾學家，我想給他思考的時間。他最需要的是，想清楚什麼是對自己最重要的東西。兩天後，我接到他的電話。

「我想創造以家人為考量的空間。」

在我與同事們到達鍾學家之前，他已經把所有收藏品放到了客廳。他要我能丟多少就丟多少，丟愈多愈好，反而變成我在勸阻他，比起一股腦丟光，留下幾個有意義的收藏品較好。因為擁有休閒愛好本身不是壞事。經他三思，他選擇留下NBA（美國職籃）收藏品，說兩個兒子很喜歡這系列。

超過一年沒整理，屋子裡到處都是要丟棄的物品。除了收藏品之外，鍾學妻子和兩個兒子的物品也雜亂無章地堆積著。冰箱的問題也很大，鍾學沒有定時吃三餐的習慣，冰箱放

滿母親送來的小菜，有很多連動都沒動過，甚至已經壞了。

我和鍾學討論空間配置動線，談到不少關於兩個兒子房間的事情。鍾學說兩個兒子幾乎沒有在用自己的房間，大部分時間都待在客廳裡。他表示萬一不能和妻兒重新生活，還是希望準備好兩個兒子偶爾回來住的房間。

在我確認好每個房間的用途後，正式著手整理。鍾學的家是典型的二十五坪房子，一大房兩小房，一廳一廚。由於陽台擴建外推，所以客廳空間算大。主臥室和兩個小房間分別以夫妻及兩個兒子為主整理。

「哇，就像新家一樣，我有勇氣打給太太和兒子們了。」
他難為情地笑了，我邊笑邊替他打氣。
「一定要請他們過來，應該會有好事發生。」
「一定會的。我想在這個家重新開始。」他發自真心地對我說。

第一次見面的機器人印象消失無蹤。鍾學的第一次邀約只有兩個兒子赴約，妻子沒回家。兩個兒子認定爸爸不可能改變，等到他們看到煥然一新的家，非常吃驚。兩個兒子原本一

個月回一次舊家，慢慢變成一個星期一次，接著又變成放學後住好幾天。三個月過去，他們開始說服媽媽，「我們的家」比媽媽家更舒服。

鍾學太太拗不過兩個兒子。當她看到原本沉迷於收藏，不把家人放在心上的先生，變得懂得照顧自己和兩個兒子，對改變的鍾學另眼相待，逐漸回心轉意。一年後，鍾學一家人回到從前的生活。在太太和兒子們搬回家的前一星期，他再次委託我整理房子。

「這次還請您多多費心，替我太太創造屬於她的空間。」

他畢恭畢敬地拜託我。我被那句「她的空間」感動了。我感覺到了他替太太著想的心情，希望能創造某人的專屬空間，表示當事人珍惜著那個人。鍾學創造出不是以物品為主，而是以家人為主，屬於一家人的安樂窩。我衷心希望他們一家人永遠過著幸福快樂的日子。

04

無法面對至親離世，
使家中毫無生氣

金英芯 · 62 歲／丈夫過世，失去生存意志的妻子

　　英芯最近經歷丈夫離世的痛苦。她的丈夫在即將退休之際患病，於是兩夫妻搬到了郊區。兩夫妻在空氣好的地方種菜，英芯也會去山中挖有益健康的食材。儘管丈夫的病情有了好轉，比醫生預期的壽命多活了一年，但終究敵不過病魔離世。而委託我整理英芯家的是英芯的二女兒。

　　「爸過世沒多久，媽就變成現在這個樣子。我們以為時間過去，她就會好起來，但日子一天天過去，她反而愈來愈少出門。之前她還會去以前和爸去過的小徑散步，最近愈來愈少去。有時候我們去她那裡，她也把自己關在房裡不出來。再到後來，她變成不接任何人的電話，只有我們姐妹打的電話才肯接。」

英芯的大女兒住在美國，能和媽媽見面的次數不多，二女兒看到媽媽的模樣非常心疼，才委託我。

「您在電視節目上說過，整理能打開人們緊閉的心房。這句話打動了我，我希望打開媽在爸過世後緊閉的心房。」

英芯看到陌生的我也沒有任何反應，只是靜靜坐著。二女兒來了，她也只是看一眼，繼續沉默著。

「幸好有養隻狗。那隻狗是爸媽一起養的，牠本來很活潑，但最近好像變得像媽一樣無精打采。」

英芯二女兒說的那隻狗安安靜靜地待在主人英芯懷中，邊享受英芯的撫摸邊打盹。我拉開陰暗又沉悶的客廳正面窗戶，通風換氣，開始整理。

從客廳、浴室到廚房，家中四處都有小狗凌亂且帶異味的痕跡。浴室地面擺滿了東西，容器裡盡是水苔不說，角落也長了黴菌。當我打開浴室收納櫃那一瞬間，掉出了一塊肥皂，而收納櫃堆滿硬塞進去的東西。

廚房幾乎沒有下廚的痕跡，頂多在電磁爐上留有湯漬。冰箱裡全是長時間沒動過的食物和沒收拾的小菜收納盒。主臥室裡依然掛著英芯過世丈夫的衣服，臥室一角則放了小狗的用品。我首先拿出了英芯丈夫的衣服和物品。

「請不要丟掉我先生的遺物。」英芯第一次開口。我能明白英芯痛失摯愛的心情。她拋不下和丈夫生活的過去，所以無法活在現在。她的模樣，見者心痛。

在整理的過程中，我聽從英芯二女兒的建議，把英芯丈夫的東西放到了他生前使用的書房。我將書房打造成供英芯懷念丈夫的空間，而主臥室則以英芯為主，營造出她能舒服休息的溫馨氣氛。我在床邊也準備了小狗的位置，畢竟對現在的英芯來說，那隻狗就是她的家人，常伴左右是好的。

我在客廳整理上花了很大的心力。我把英芯和丈夫過去一起喝茶的茶桌拿出來，放到看得見窗戶的地方。除了採光好之外，我也希望英芯喝茶時能多看看遠方的大自然。後來二女兒告訴我，她和媽媽去了過去爸媽常去的散步小徑，還坐在客廳一起喝茶。

英芯的生活慢慢產生變化。她愈來愈常出門遛狗，也重新整頓家旁邊的菜園並種菜。二女兒轉述英芯的話，說等到生菜和辣椒長大，要寄一箱給我。英芯恢復了與親朋好友的往來，還會邀請新交的鄰居到家裡玩，或一起喝茶爬山，打算舉辦一個朋友之間的定期聚會。

「在整理過後，我意識到丈夫已經不在的事實。我還是很想他，每次想他的時候，我就會去書房看他的照片或是看他看過的書。但這和之前不一樣。之前家裡到處都有他生活的痕跡，我總覺得他無所不在。我看著整理過後的家，想起了我們新婚時一起布置新家的時光，忽然很想做點什麼，想要好好生活，就像和他一起生活的時候一樣。我相信他也這麼希望。」

英芯有了新的休閒愛好，即挖食材製作酵素。而且她經常去爬山，既有益身體健康，又能打發時間。她會把製作好的酵素分送給親朋好友，對方偶爾也會轉送給自己的朋友。

「一想到有人吃了我做的酵素而變健康，我就很開心。不但感冒不藥而癒，氣色也比從前好，真的很棒。」造成英芯無精打采的過去已然消逝，如今剩下擁抱美麗回憶，朝氣蓬勃地活在當下的她。

05

對購物如同上癮，
在家中囤積大量物品

李知仁 ·28 歲／購物成癮，控制不住個人物品量的職場女性

「我的天，這是人住的家嗎？還是垃圾堆？妳怎麼在這裡吃飯睡覺的？亂到腳都沒地方踩。」

知仁媽媽來首爾探望在此工作的知仁，看到她生活的套房大為吃驚。知仁房間裡是一座座的衣服山，想進房間的人得像兔子一樣跳著才進得去。因為是花自己賺的錢，所以知仁想買什麼就買什麼，花錢不手軟。隨著日子過去，知仁房內堆積的東西愈來愈多，除了睡覺的地方，全都堆滿了東西。房間亂到要做什麼都困難，只能睡覺。

「我女兒在首爾生活，偶爾回家後，家裡房間就會像炸彈轟炸過，亂七八糟。我很擔心她這樣下去，會結不了婚。」

知仁媽媽是這次的委託人。她先前偶爾會替知仁整理首爾住處，可是不知從何時起，知仁房間的凌亂程度愈來愈嚴重，知仁媽媽也不知道該如何收拾才好。

　　床是知仁房間唯一的立足之處。一打開房門，看到的是堆滿鞋子的玄關，沒有客人放鞋的地方。鞋櫃已經是大爆滿狀態，夏天穿的鞋子和拖鞋層層疊疊塞在鞋櫃內。

　　一個鞋櫃裝不夠，知仁還買了新的鞋櫃放在玄關。陽台也放著幾個鞋盒，專門收納體積過大，放不進鞋櫃的靴子。

　　「我看外面也有鞋子，不會碰到有客人來家裡，要放鞋子的時候嗎？」
　　「沒有。不可能有人來。快遞員也只會把包裹放在她的門外。」

　　知仁房裡沒有衣櫃，有兩個掛滿、疊滿衣服的衣帽架，衣帽架下方的鉤子掛滿了包包，我總覺得衣帽架隨時會倒下。衣帽架最底下還放著一些沒地方掛的包包和帽子。包包和帽子沒能好好保存，以至於變形走樣。而數量太多導致糾纏在一起的絲襪和內搭褲，則被收在箱子裡，想蓋都蓋不起來。

「有些絲襪破洞了，是不是可以丟掉了？」

「不，有洞的拿來在家當襪子穿就行了。」

收在梳妝台抽屜裡的化妝品和保養品雜亂無章，想拿出來用也不容易。像是口紅和眼影等，體積小的化妝品有幾十個。我在梳妝台上和抽屜，接連發現了卸完妝卻沒丟掉的化妝棉。只用過一兩次的身體保養品也有好幾瓶。知仁好像沒有把東西用完再買的習慣，還有非常多全新未拆封的物品和幾瓶一模一樣的香水。

「這是我喜歡的香水，我趁打折的時候多囤了幾瓶。」

我把知仁的物品分類整理，分成還沒使用過的物品，和使用過卻已經過期很久的物品，再請知仁從中挑出該丟棄的品項。「斷捨離」是整理的第一步驟。

整體而言，知仁有喜歡買相同物品的習慣，有些是趁便宜大囤貨，有些是根本不知道自己擁有，又重新購入的。還有，也許是因為從小養成的習慣，讓她不懂得怎麼丟東西。

「新的東西那麼多，妳幹嘛不丟掉那些過期的東西。這

算哪門子的節儉，全新的東西放到過期，只能丟掉。像妳這樣要怎麼結婚嫁人，都怪我沒教好妳。」

知仁自小被媽媽捧在手心裡，像心肝寶貝地寵著，從來沒做過家事。加上她從沒讓父母操過心，出社會找到好的工作，成為了克盡本分的職場人，外貌親切可人，工作態度負責又有能力。萬萬沒想到，如今會變成這樣，知仁媽媽悔不當初。

「我以前不是這樣的。我大學和朋友住在外面，朋友不擅長整理，所以我再怎麼整理也毫無意義。一旦熟悉了不整理的生活之後，就覺得隨意生活也不錯。」知仁邊看著我整理，邊深刻反省自己的消費習慣。

「我沒想到自己是活得這麼沒想法的人。物品不整理就不知道自己擁有哪些，現在我終於知道我擁有什麼了，也再次醒悟，我到底買了多少沒用的東西。」

原本放在書桌和書櫃上的衣服、化妝品和飾品被整理好後，知仁可以在房裡看書，舒服地處理帶回來的工作。最大的變化莫過於，當她產生購物欲望時，她會先確認自己有沒有類似的東西。現在她買衣服不是為了想買而買，而會考慮那件衣

服適不適合自己，和其他的衣服是否能搭配再下手。

「現在買衣服之前會多想幾次，省了不少錢，儲蓄也增加了。現在的我除了做好結婚的心理準備，也提前練習勤儉的持家之道。其實我之前看自己的房間，也常常想起媽媽的話，懷疑自己若結婚，真的有能力照顧好一個家庭嗎？現在多少有了些自信，也敢找朋友到家裡玩。以前老家朋友來首爾玩卻不能睡我家，我很抱歉。」

過去每個月的信用卡費像是丟進水裡，不知道錢花到哪裡，如今透過整理，知仁學會合理消費。每個月的消費數字，肉眼可見地減少，一想到這裡，知仁不禁笑逐顏開。

結語
整理，使人變得更幸福！

我從四十歲後開始從事整理諮商這一行，也曾想過這把年紀投入新職場是不是太晚了。我婚後每天都在做家事，縱使鼓起勇氣想回歸職場，但求職並不順遂。孩子還小，限制條件太多。在打聽過許多工作之後，最後我去了就業服務中心。

「您有想從事的工作嗎？」
「我應該做什麼才好？我以前只有在百貨公司上過班……」

我真的不知道自己能做什麼。回想自己作為主婦，省吃儉用照顧孩子的那段時間，但走出家庭後，這個世界上沒我能做的事。我第一次思考自己會做什麼、喜歡做什麼。

我生性討厭東西亂擺放，喜歡改造失去用途的物品，會裁剪裙子和牛仔褲做成窗簾或收納盒。想到東西在我手上獲得

新生命，就讓我感到興奮。不過，我仍然搞不清楚，整理究竟是我的專長，還是我的嗜好。

「有幫人整理的工作，阿姨，去打聽看看吧。」外甥的一句話讓我初窺「整理」的世界。起先我非常茫然，想著「整理算是哪門子的工作？」但我的天啊！自從遇到這份工作，我真的非常開心幸福。做自己喜歡的事還能賺錢，我彷彿推開了新世界的大門。

「媽媽真的很喜歡這份工作。」
「媽媽，妳的眼睛閃閃發光。」
孩子們看著我，很神奇地說。

「整理」帶給我認真生活的力量，是替我開啟大門的幸運鑰匙。四十歲之前，我想都沒想過我能站在這個位置。

藉由整理諮詢，我見過不少人，聽了不少他們的人生故事。像是有先生過世後，因憂鬱症而走不出家門的主婦；有因內心空虛而購物成癮的女性；有失去自信，不知如何整理的單身女性上班族；有因為照顧孩子，不要說整理，就連照顧自己都心有餘而力不足的媽媽等。

剛開始到達委託人們狹隘的家裡，我會茫然質疑，他們怎麼會讓自己過著這種生活。而後在聽了他們的故事後，不知不覺間，我變得感同身受，「原來如此。會變成這樣也是不得已」的想法愈來愈頻繁，甚至我曾握著委託人的手一起大哭。

　　每個人都渴望生活在乾淨美麗的空間，沒人想活在亂七八糟的地方。然而因為各自的苦衷，遂放任房子不管，自某一刻起，空間被物品占領。房子的主人變成物品，不再是人。

　　委託人們會在我整理後異口同聲地說：「在整理後的嶄新空間生活，感覺多了生氣和活力。」那不是我帶給他們的，而是家裡本來就有的，我只是透過整理，使它們重生而已。

　　過多的感動，我無法都放進一本書內。整理讓我慢慢思考，所謂的家是什麼樣的空間、家有何價值、如何聰明消費、如何妝點人生等。

　　家不只是睡覺的地方，也是和家人能舒服休憩、聊天談話，一起哭一起笑的空間。家也是讓一整天因職場而疲憊的先生，展開緊繃肩膀；讓在學校努力讀書的孩子們，放鬆心情；讓忙碌於家務的太太，有所慰藉的地方。

整理不是只把物品收到視線範圍之外，想要做好整理，需要不亂買的節制力和控制力，還需要能挑出物品，懂得靈活發揮其用途的好眼力。光是會整理就足以讓人生加倍幸福。如此看來，要整理好自己的人生，首先得整理好家。

我們不必如同專家般，非常善於整理，只需實踐「只買需要的，不買想要的」，就已經充分掌握到整理的竅門。人生至少要有一次專心整理，唯有如此，才能品味感受整理帶來的變化。

正如人生何處不相逢，活著也會和許多物品相逢。藉由每一次的相遇和離別，我們能留在好的人身邊。藉由丟棄，領悟到什麼是我們真正珍惜的物品，並和那些物品一起度過往後人生，這樣的人生絕對會比被物品包圍的人生來得豐饒。

整理改變了我的人生，我比過去更滿足、更幸福、更愛我的家人。我想對我心愛的先生和兒子智星、智勳表達謝意。謝謝你們理解我的忙碌，替我加油打氣。

真心希望使我幸福的整理奇蹟，也能發生在各位和各位的家人身上。

筋膜放鬆修復全書

25 個動作，有效緩解你的疼痛！
以「放鬆筋膜」為基礎，
治療疼痛的必備自助指南。
一套符合全人醫療的身心療法！

阿曼達・奧斯華◎著

好好走路不會老

走 500 步就有 3000 步的效果！
強筋健骨、遠離臥床不起，
最輕鬆的全身運動！
每天走路，就是最好的良藥。

安保雅博、中山恭秀◎著

哈佛醫師的常備抗癌湯

每天喝湯，抗肺炎、病毒最有感！
專攻免疫力、抗癌研究的哈佛醫師，
獨創比藥物更有效的「抗癌湯」！
每天喝 2 碗，輕鬆擊退癌細胞，
越喝越健康！

高橋弘◎著

我也不想一直當好人

帶來傷害的關係，請勇敢拋棄吧！
沒有任何一段關係，值得讓你遍體鱗傷。
幫助 3000 人重整關係的心理諮商師，
教你成為溫柔但堅決的人！

朴民根◎著

我微笑，但不一定快樂

不快樂，是可以說出來的事！
最暖心的暢銷作家高愛倫，
寫給憂鬱者、照顧者、
陪伴者的理解之書！
她想告訴你，憂鬱真的不可怕。

高愛倫◎著

斷食 3 天，讓好菌
增加的護腸救命全書

70% 的免疫細胞，都在腸道！
專業腸胃醫師的「3 步驟排毒法」，
有效清除毒素，7 天有感，3 週見效，
找回你的腸道免疫力！

李松珠◎著

樂活・LOHAS

因為整理，人生變輕鬆了：幫助2000個家庭的整理專家，

教你從超量物品中解脫，找回自由的生活！

2020年12月初版　　　　　　　　　　　　　　　　　　定價：新臺幣360元
有著作權・翻印必究
Printed in Taiwan.

		著　　者	鄭	熙	淑
		譯　　者	黃	莞	婷
		叢書主編	陳	永	芬
		校　　對	陳	佩	伶
		內文排版	林	婕	瀅
		封面設計	鄭	婷	之

出　版　者	聯經出版事業股份有限公司	副總編輯	陳	逸	華
地　　　址	新北市汐止區大同路一段369號1樓	總 編 輯	涂	豐	恩
叢書主編電話	(02)86925588轉5306	總 經 理	陳	芝	宇
台北聯經書房	台北市新生南路三段94號	社　　長	羅	國	俊
電　　　話	(02)23620308	發 行 人	林	載	爵
台中分公司	台中市北區崇德路一段198號				
暨門市電話	(04)22312023				
台中電子信箱	e-mail：linking2@ms42.hinet.net				
郵政劃撥帳戶第0100559-3號					
郵 撥 電 話	(02)23620308				
印　刷　者	文聯彩色製版印刷有限公司				
總　經　銷	聯合發行股份有限公司				
發　行　所	新北市新店區寶橋路235巷6弄6號2樓				
電　　　話	(02)29178022				

行政院新聞局出版事業登記證局版臺業字第0130號

本書如有缺頁，破損，倒裝請寄回台北聯經書房更換。　　ISBN 978-957-08-5647-7 (平裝)
聯經網址：www.linkingbooks.com.tw
電子信箱：linking@udngroup.com

國家圖書館出版品預行編目資料

因為整理，人生變輕鬆了：幫助2000個家庭的整理專家，
教你從超量物品中解脫，找回自由的生活！/鄭熙淑著．黃莞婷譯
初版．新北市．聯經．2020年12月．232面．14.8×21公分（樂活・LOHAS）
ISBN 978-957-08-5647-7（平裝）

1.家庭佈置　2.空間設計　3.生活指導

422.5　　　　　　　　　　　　　　　　　　　　　　109016968